# Unterrichtspraxis BIOLOGIE

Strukturierung · Materialien · Informationen

## Band 9: **Sinnesorgane des Menschen**

Autoren:
Eckhard Pohl · Annegret Dorn

Herausgeber:
Joachim Jaenicke · Harald Kähler



Aulis Verlag
Deubner & Co KG

**Die Deutsche Bibliothek – CIP-Einheitsaufnahme**

**Unterrichtspraxis Biologie :** Strukturierung, Materialien, Informationen.
– Köln : Aulis-Verl. Deubner.

**Pohl, Eckhard:**
Sinnesorgane des Menschen / Autoren: Eckhard Pohl ∞ Annegret Dorn.
Hrsg.: Joachim Jaenicke ; Harald Kähler. Köln : Aulis-Verl. Deubner, 1998
(Unterrichtspraxis Biologie ; Bd. 9)
ISBN 3-7614-2065-X

Unterrichtspraxis Biologie · **Reihenübersicht:**

1 Zellen · Bakterien · Viren
2 Bau und Lebensweise von Blütenpflanzen
3 Bau und Lebensweise von blütenlosen Pflanzen
4 Stoffwechsel bei Pflanzen
5 Bau und Lebensweise von Wirbeltieren
6 Bau und Lebensweise von Haustieren
7 Bau und Lebensweise von wirbellosen Tieren
8 Stoffwechsel beim Menschen
9 Sinnesorgane des Menschen*
10 Hormon- und Nervenphysiologie beim Menschen*
11 Menschliche Sexualität und Entwicklung*
12 Mensch und Gesundheit
13 Mensch und Umwelt
14 Grundlagen der Vererbungslehre
15 Grundlagen der Abstammungslehre
16 Grundlagen der Verhaltenslehre*
17 Wechselbeziehungen im Lebensraum Wald
18 Wechselbeziehungen im Lebensraum Gewässer
19 Wechselbeziehungen im Lebensraum Moor*

* Bereits erschienen

## Abkürzungen:

**UE** = Unterrichtseinheit
**AMA** = Arbeitsmittel für Arbeitsprojektion
**L** = Lehrer / Lehrerin
**SuS** = Schüler und Schülerinnen

Best.-Nr. 8379

Umschlaggestaltung: Atelier Warminski, Büdingen:
Satz: DTP-Studio Koch, Oberweißbach
Zeichnungen:Brigitte Karnath-Eidner, Wiesbaden
Druck und Verarbeitung: Druckerei Hans Kock, Bielefeld
ISBN 3-7614-2065-X



**Titelfotos** (Dr. *Jaenicke*)
oben links: Schülerin mikroskopiert
oben Mitte: Moosblattzellen
oben rechts: Arbeitsprojektion eines Zellmodells
Mitte links: Stute mit Fohlen
Mitte: Blätter der Rotbuche im Gegenlicht
Mitte rechts: Feld mit Klatschmohn
unten links: Dukatenfalter auf Gänseblümchen
unten Mitte: Gartenteich
unten rechts: Gewässeruntersuchung

# Inhalt

# Vorwort

Mit der Buchreihe **Unterrichtspraxis Biologie** sollen den Lehrerinnen und Lehrern Unterrichtshilfen für den Biologieunterricht in den Klassen 5 – 10 aller Schulformen gegeben werden. Diese Unterrichtshilfen verstehen sich als Anregung für die Planung und Durchführung eines zeitgemäßen Biologieunterrichts.

Jeder Band dieser Buchreihe impliziert mehrere Unterrichtseinheiten zu dem jeweiligen Themenbereich. Der vorliegende Band „Sinnesorgane des Menschen" enthält vier Unterrichtseinheiten. Jeder Unterrichtseinheit werden Lernvoraussetzungen, ein Sequenzvorschlag inhaltlicher Schwerpunkte mit möglicher Zeitplanung sowie sachinformative Hinweise vorangestellt. Die Sachinformationen implizieren sachanalytische Aspekte, die aus Gründen der Übersicht im Glossarstil dargestellt werden. Sie können und wollen jedoch kein Schülerbuch ersetzen.

Eine didaktische und methodische Akzentsetzung mit unterrichtlichen Hinweisen erfolgt in den **Informationen zur Unterrichtspraxis**. Sie bilden mit den dazugehörigen **MATERIALIEN** den Schwerpunkt einer jeden Unterrichtseinheit. Dabei werden Lernschritte i.S. der Differenzierung alternativ angeboten. Die Strukturierung von Lernprozessen in Lernschritte erfolgt nach einem problemorientierten Ansatz i.S. naturwissenschaftlicher Erkenntnisgewinnung bei einem induktiv erarbeitenden Unterrichtsverfahren: *Beobachtung eines biologischen Phänomens* → *Problem* → *Bildung von Vermutungen* (Hypothesen) → *Falsifikation bzw. Verifikation der Vermutungen* → *Ergebnis* → *Vertiefung* und *Ausweitung* → *Erkenntnis*. Von den resultierenden unterrichtlichen Phasen (*Einstieg mit Problemsituation* → *Lösungsplanung* → *Erarbeitung* → *Ergebnis* → *Festigung*) sind nur **Einstiegs-** und **Erarbeitungsmöglichkeiten** angegeben. Durch diesen Verzicht auf Stundenbilder bleibt der Freiraum für die Kolleginnen und Kollegen erhalten. Die Lernschrittsequenz ist nur als Vorschlag i.S. einer Anregung zu verstehen. Sie soll in übersichtlicher Form die Vorbereitung und Durchführung von Unterricht erleichtern. Daher wurde auch aus zeitökonomischen Gründen auf didaktische und methodische Begründungen sowie auf Lernzielformulierungen verzichtet, zumal diese Kriterien Gegenstand von Lehrplänen und Richtlinien sind.

Die Gliederung erfolgt übersichtlich in zwei Spalten: Die erste Spalte impliziert die Lernschritte, die zweite die zugehörigen Unterrichtsmittel. In der zweiten Spalte werden alle notwendigen Medien aufgeführt unter Integration der zugehörigen **MATERIALIEN** als Kopiervorlagen sowie der Medientasche. Die MATERIALIEN können als „Materialgebunde AUFGABEN", „EXPERIMENTE", „MODELLE", oder als „**A**rbeits**m**ittel für die **A**rbeitsprojektion" (AMA) konzipiert sein. Alle MATERIALIEN können jedoch unterrichtlich wie materialgebundene AUFGABEN verwendet werden. Die in der Kopfleiste angegebene Materialien-Form stellt die primär konzipierte dar, kann jedoch nach individuellem Ermessen auch verändert eingesetzt werden. Die materialgebunden AUFGABEN stellen nicht nur eine Arbeitsunterlage im Unterricht dar, sondern können als Hausaufgabe, in Arbeitstests oder als Bestandteil von Klassenarbeiten verwendet werden. Durch Kombination von mehreren materialgebundenen Aufgaben läßt sich z.B. eine Klassenarbeit erstellen.

Die in der Medienspalte aufgeführten Filme und Diareihen werden in der Rubrik **Medieninformationen** in der Regel durch Annotationen, Kurzfassungen und unterrichtliche Anmerkungen detaillierter dargestellt. Dies gilt ebenso für empfohlene, vertiefende, leicht zugängliche Fachliteratur wie Zeitschriftenartikel und Bücher.

Herausgeber und Autoren möchten mit dieser Buchreihe den Kolleginnen und Kollegen schüler- und praxisorientierte Hilfestellungen leisten bei der Planung und Durchführung eines zeitgemäßen Biologieunterrichtes.

Noch eine Bitte: Kein Autor, kein Herausgeber und kein Verlag sind gegen Fehler unterschiedlicher Art sowie gegen subjektive Betrachtung und Unzulänglichkeit gefeit. Daher bitten wir alle Benutzer von Unterrichtspraxis BIOLOGIE herzlich um Kritik; entsprechende Hinweise werden wir dankbar aufnehmen.

Die in dem vorliegenden Band vorgeschlagenen Unterrichtseinheiten wurden von den Autoren mehrfach in projektartigem Unterricht erprobt. Bei diesem Unterrichtskonzept wird angestrebt, im ersten Schritt die Schülerinnen und Schüler ausgehend von einer wirklichen Sachlage handelnd an die Probleme herangehen zu lassen (Problematisierung einer aktuellen Lebenssituation). Die Schülerinnen und Schüler erkennen dann, daß sie sich Wissen aneignen müssen, um die Probleme/Aufgaben zu lösen (2.Schritt). Im dritten Schritt werden dann Lösungen erarbeitet, die anschließend durch praktische Anwendung erprobt werden.

Die Herausgeber

*Dr. Joachim Jaenicke* *Dr. Harald Kähler*

# I. Unterrichtseinheit (UE): Der Gesichtssinn

**Lernvoraussetzungen:**

Wünschenswert, nicht Voraussetzung: Grundlagen der Optik (Eigenschaften des Lichts, Strahlengang durch Sammellinsen, experimentelles Arbeiten mit der optischen Bank, ...).

**Gliederung:**

Die vorgeschlagene Unterrichtssequenz hat sich bewährt, andere Sequenzen sind denkbar.

1. Bau des Auges
↓
2. Der dioptrische Apparat
↓
3. Das Erkennen von Farben
↓
4. Räumliches Sehen
↓
5. Grenzen der Wahrnehmung
↓
6. Sehschwächen bei Jugendlichen (Planung, Durchführung und Auswertung einer Umfrage in der Schule)
↓
7. Blindheit

**Zeitplan:**

Für die Unterrichtssequenz 1 bis 7 werden 10 Stunden benötigt. Einfache Experimente bzw. die Deutung von Experimenten, die im Unterricht durchgeführt werden, können als Hausaufgaben bearbeitet werden. Das eingeführte Lehrbuch kann dabei als Hilfe und ergänzend eingesetzt werden.
Es bietet sich an, den Schwerpunkt 5 (Grenzen der Wahrnehmung) in eine verkehrspädagogische Unterrichtsfolge einzubinden.

# I.1 Sachinformation

## Alterssichtigkeit:

Die Fähigkeit der Linse, ihre Brechkraft durch stärkere Wölbung zu erhöhen, läßt durch Abnahme der Kraft des Ziliarmuskels sowie Abnahme der Elastizität der Linse allmählich nach; die Leseentfernung nimmt zu. Der Altersweitsichtige benötigt für das Nahsehen Sammelgläser (Konvexlinsen).

## Astigmatismus (Stabsichtigkeit):

Die Hornhaut des Auges weicht von der normalen Kugelform ab; ihre Brechkraft ist in den verschiedenen Meridianen unterschiedlich.
Der Brechungsfehler wird durch Zylindergläser ausgeglichen; diese wirken nur in einer Richtung sammelnd oder zerstreuend, während sie in der dazu senkrechten Richtung keine optische Wirkung haben.

## Augenarzt – Grunduntersuchung:

- Überprüfung der Sehschärfe in der Ferne mit/ohne Brille (Zahlen- oder Zeichenerkennung)
- Nahschärfeprüfung mittels Lesetext
- Pupillenreaktion mit der Stablampe (Überprüfung, ob die Spiegelreflexe der Hornhaut normal sind und ob die Augen schielen)
- Kontrolle des vorderen Augenabschnitts mit der Spaltlampe
- Prüfung des Augeninnendrucks mittels Tonometer

zusätzliche Untersuchung:

- Netzhautkontrolle mit vorheriger Gabe von Augentropfen, die die Pupille erweitern

## Dioptrie:

Einheit für die Brechkraft eines optischen Systems; reziproker Wert der in Metern gemessenen Brennweite

## Farbensinn:

- **Trichromasie:**
  Normale Farbentüchtigkeit; der Farbtüchtige kann alle sich aus den drei Grundfarben (Rot, Grün, Blau) ergebenden Farbenmischungen durch drei farbenempfindliche Sehsubstanzen seiner Netzhaut unterscheiden.
- **anomale Trichromasie:**
  Es handelt sich um ähnliche Störungen wie bei der Dichromasie, nur daß die Beeinträchtigung der jeweiligen Rezeptorfunktion geringer ist (Farbschwäche).
- **Dichromasie:**
  Es fehlt eine der drei Farbempfindungen; Man unterscheidet bei den sog. Dichromaten („Zweifarbenseher") Rotblinde, Grünblinde und Gelb-Blau-Blinde.
- **Monochromasie:**
  Es fehlen zwei der drei Farbempfindungen.
- **Achromasie:**
  Totale Farbenblindheit; anstelle von Farbtönen werden nur unterschiedlich helle Graustufen wahrgenommen.

## Fusion:

Fähigkeit des Gehirns, die beiden Bilder des rechten und des linken Auges zu einem einzigen zu verschmelzen.

## Grauer Star:

Trübung der Linse durch Gerinnung der kolloidal gelösten Linseneiweiße; anfangs speichenartige Trübungsfiguren nahe der vorderen oder hinteren Linsenkapsel, dann Ausdehnung der Trübung in Richtung Augenachse; im Endstadium kann neben Hell und Dunkel nur noch die Richtung des einfallenden Lichts unterschieden werden.
Behandlung: Ein durch Laserstrahlen erzeugtes Loch in der vorderen Linsenkapsel bewirkt den Abfluß des Linsenmaterials; zwischen vordere und hintere Linsenkapsel wird eine künstliche Linse eingesetzt, die es erlaubt, ohne Brille in die Ferne zu sehen; zum Nahsehen ist eine Brille erforderlich. Umgekehrt kann auch eine Linse eingesetzt werden, mit der das Nahsehen ohne Brille möglich ist, während für das Sehen in die Ferne eine Brille benötigt wird.

## Grüner Star:

Druckanstieg im Auge durch Vermehrung des Kammerwassers, meist infolge einer Abflußbehinderung unterschiedlicher Ursache; werden die abführenden Gefäße der Aderhaut durch den Innendruck des Auges verschlossen, so steigt dieser noch weiter an, da weiterhin Blut über die Schlagadern in das Augeninnere gepumpt wird; das Sehvermögen wird erheblich eingeschränkt, da die gestörte Blutversorgung zu Trübungen des Augeninneren und zum Versagen der Netzhaut führt; Erblindung kann die Folge sein.
Behandlung: Durch ein durch Laserstrahlen erzeugtes Loch in der Lederhaut kann das Kammerwasser unter die Bindehaut abfließen.

## Korrespondenz:

Die Fusion bewirkt bei regelrechter Augenstellung, daß die korrespondierenden Netzhauthälften zur Deckung und zum binokularen Sehen gelangen.

## Kurzsichtigkeit:

Das Auge ist länger, als der Norm entspricht; die Strahlen vereinigen sich schon vor der Netzhaut; der Sehfehler wird durch Zerstreuungsgläser (Konkavlinsen) ausgeglichen.

## räumliches Sehen:

drei Qualitäten

- **Simultansehen:**
  mit beiden Makulae ( hier: gelber Fleck) wird gleichzeitig gesehen
- **binokulare Fusion:**
  die Bilder beider Augen werden in der Sehrinde des Gehirns verschmolzen
- **Tiefensehschärfe:**
  dreidimensionale räumliche Wahrnehmung, d. h. erkennen, ob Gegenstände, die dicht beieinander stehen, auf gleicher Höhe, vor- oder hintereinander liegen.

## Schielen:

Abweichung der Sehachsen von der Normalstellung; daraus folgt bei Fernakkommodation eine Abweichung der Augen aus der Parallelstellung, wodurch anfänglich Doppelbilder entstehen. Hauptursachen sind: unkorrigierte Übersichtigkeit, einseitige Fehlsichtigkeit und angeborene, durch Infektionskrankheiten (Masern, Keuchhusten, Scharlach) oder durch Rauchen der Mutter in der Schwangerschaft erworbene Fusionsschwäche. Ein frühzeitiger Behandlungsbeginn beim Schielen ist unerläßlich. Es gelingt nur sehr selten, beidäugiges Sehen mit normaler Korrespondenz wiederherzustellen bzw. zu erzielen und die anomale (ungleiche) Korrespondenz zu verhindern, die sich bei länger bestehender Schielstellung entwickelt.

## Strahlengang:

**durch konvexe Linsen (Sammellinsen):**

Lichtstrahlen, die parallel zur optischen Achse verlaufen (Parallelstrahlen), werden durch konvexe Linsen so gebrochen, daß sie sich in einem Punkt der optischen Achse, dem Brennpunkt F, schneiden. Seine Entfernung vom Mittelpunkt der Linse heißt Brennweite f.

Lichtstrahlen, die durch den Mittelpunkt einer Linse verlaufen (Mittelpunktstrahlen), werden nicht gebrochen.

Lichtstrahlen, die durch den Brennpunkt einer konvexen Linse verlaufen (Brennstrahlen), werden so gebrochen, daß sie nach der Brechung parallel zur optischen Achse verlaufen.

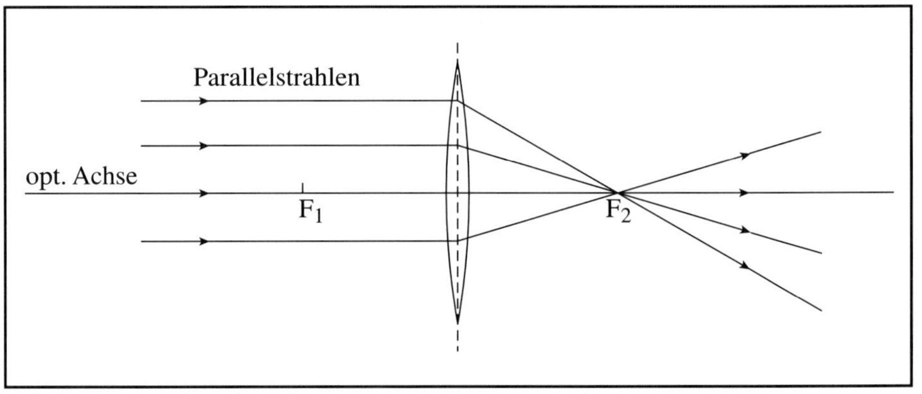


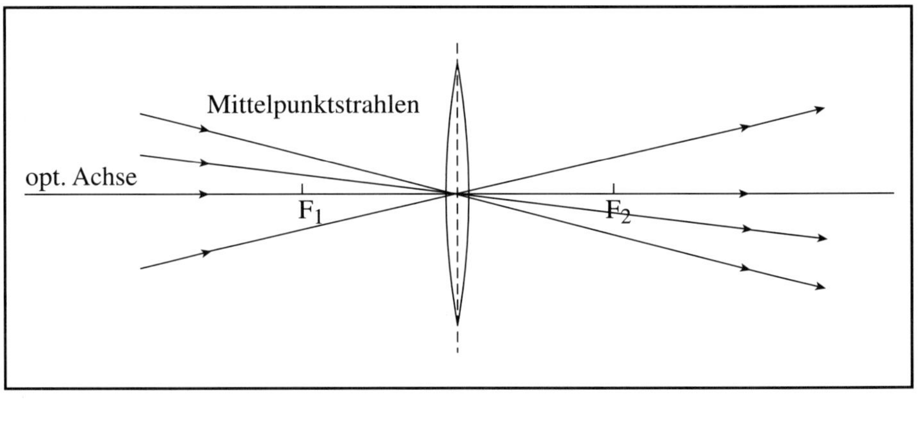

Strahlenbündel, die von einem Punkt des Gegenstandes ausgehen, werden von konvexen Linsen so gebrochen, daß sie sich in einem Punkt der Bildebene, dem Bildpunkt, schneiden. Zu jedem Punkt des Gegenstandes kann ein Bildpunkt mit Hilfe von Parallelstrahl, Mittelpunktstrahl (und Brennstrahl) konstruiert werden.
Lage und Größe eines Bildes B ergeben sich aus dem Verhältnis von Gegenstandsweite g zu Brennweite b:

$$\frac{G}{B} = \frac{g}{b}$$

Je dichter der Gegenstand G an den Brennpunkt F heranrückt, desto größer wird das Bild B.

- **durch konkave Linsen (Zerstreuungslinsen):**
  Achsenparallel auftreffende Strahlen werden von der Achse weg gebrochen; sie werden zerstreut.
  Verlängert man die gebrochenen Strahlen nach rückwärts, schneiden sie sich in einem Punkt der Achse, der auf der Seite der einfallenden Strahlen liegt (scheinbarer Brennpunkt).
  Weil Parallelstrahlen durch Konkavlinsen divergent gemacht werden, kann von einem Gegenstand kein reelles Bild hinter der Linse entstehen.

## Übersichtigkeit (Weitsichtigkeit):

Das Auge ist kürzer, als es der Norm entspricht; die Strahlen vereinigen sich erst hinter der Netzhaut; der Sehfehler wird durch Sammelgläser (Konvexlinsen) ausgeglichen.

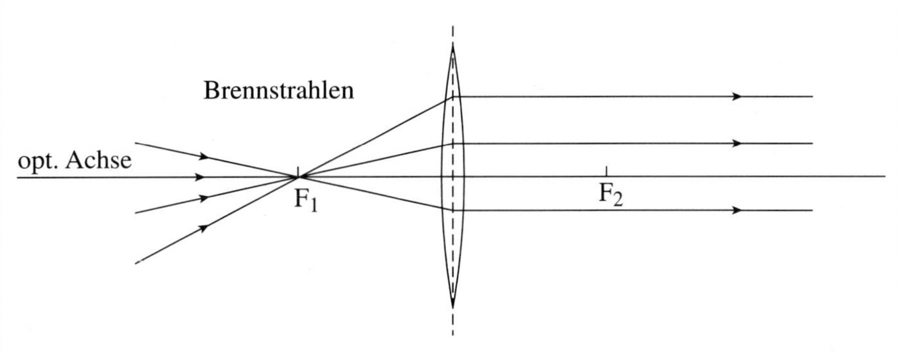


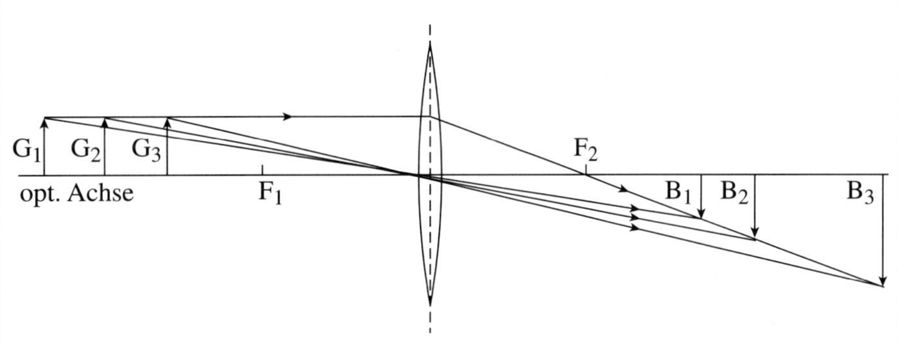


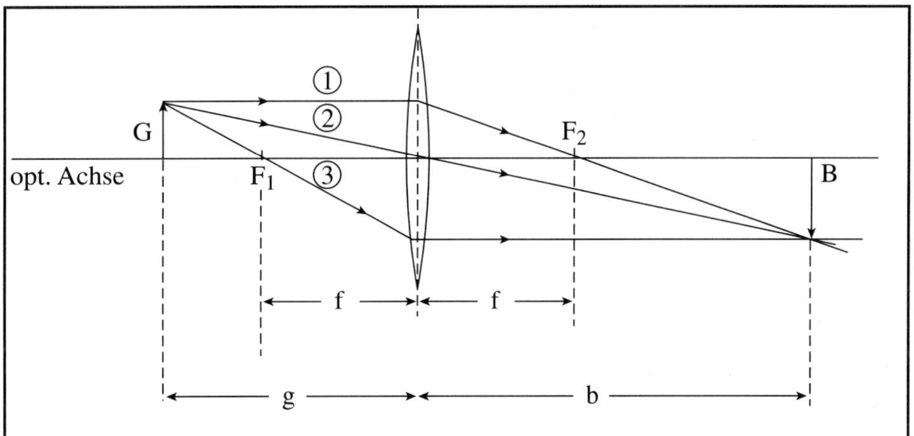


① Parallelstrahl
② Mittelpunktstrahl
③ Brennstrahl
G: Gegenstand
f: Brennweite
g: Gegenstandsweite
b: Bildweite
B: Bild

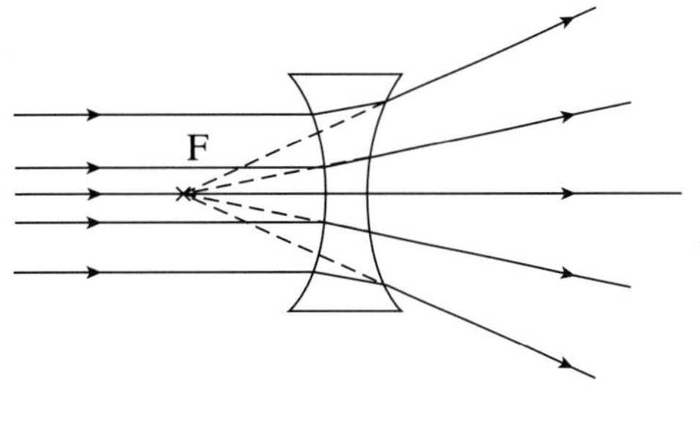

## I.2 Informationen zur Unterrichtspraxis

### I.2.1 Einstiegsmöglichkeiten

***Anmerkung:*** *Alle im folgenden aufgezeigten Einstiegsmöglichkeiten führen zu der Erkenntnis, etwas über Bau und Funktion des Auges erfahren zu müssen, um Fehlfunktionen beurteilen zu können. Dieser Ansatz ist beabsichtigt, um die Schüler für den Erwerb neuer Kenntnisse zu motivieren.*

| Einstiegsmöglichkeiten | Medien |
|---|---|
| **A.** | |
| ■ L zeigt eine Lesetafel und läßt normalsichtige SuS sowie Brillenträger mit und ohne Brille lesen | ■ Folienkopie von Material I./M1 |
| ▶ Problemfrage: Wie funktioniert das menschliche Auge, und welche Veränderungen treten bei Fehlsichtigen auf? | ■ Tafel |
| **B.** | |
| ■ L verteilt oder projiziert Zeitschriften- oder Zeitungsartikel zur Überprüfung von Sehleistungen | ■ Material I./M 2 (materialgebundene Aufgabe): Mangelnde Überprüfung des Sehvermögens, auch bei Autofahrern |
| ▶ Problemfrage: Was leistet unser Auge beim Sehen? | ■ Tafel |

### I.2.2 Erarbeitungsmöglichkeiten

| Erarbeitungsschritte | Medien |
|---|---|
| *Die Schüler haben erkannt, daß für die Beurteilung der Sehleistung und für die Beurteilung von Augenerkrankungen (Ursachen, Symptome, Korrektur/Behandlung) Kenntnisse über Bau und Funktion des menschlichen Auges erforderlich sind. Sie sollen diese Kenntnisse anhand von Experimenten, Modellen und Abbildungen erwerben.* | |
| **A./B.1 Der Bau des Auges** | |
| ■ L-Impuls: „Menschliche Augen und Augen von Rindern sind prinzipiell gleich aufgebaut. Deswegen werden wir den Bau des Auges am Beispiel von Rinderaugen erarbeiten." | |
| ■ Schülerexperiment: Präparation von Rinderaugen | ■ Material I./M 3 (Experiment): Präparation von Rinderaugen |
| ***Unterrichtliche Anmerkung:*** *Dieses Unterrichtsvorhaben sollte in der vorhergehenden Stunde angekündigt werden, damit sich die Schüler auf die ungewohnte Situation einstellen können.* | |
| ■ L projiziert während der Präparation Arbeitstransparent als Orientierungshilfe | ■ Arbeitstransparent: Bau des Auges (Folienkopie von Material I./M 4) |
| ■ Unterrichtsgespräch: Benennung der Strukturen und Zuordnung der jeweiligen Funktion; | ■ Material I./M 4 (materialgebundene Aufgabe): Bau des menschlichen Auges |
| ■ SuS übertragen die Kenntnisse auf das Modell des Auges (Hilfe für das räumliche Vorstellungsvermögen) | ■ Augenmodell der Schulsammlung |

| Erarbeitungsschritte | Medien |
|---|---|
| ■ L-Impuls: „Eine besondere Stelle der Netzhaut kann man im folgenden Versuch entdecken.“ | |
| ■ Schülerexperiment: Auffinden des Blinden Flecks | ■ Abb. zum Auffinden des Blinden Flecks (z. B. Material I./M 5) |
| ■ Unterrichtsgespräch: Schüler beschreiben ihre Beobachtungen; Deutung der Beobachtungen | ■ Tafel:<br>Beobachtungen<br>Tafelzeichnung |
| **A./B.2 Der dioptrische Apparat** | |
| ■ L-Impuls: „Welche Aufgabe hat die Linse im Auge?“ | |
| ■ Unterrichtsgespräch: Hypothesenbildung | ■ Tafel |
| ■ Überprüfung der Hypothesen | ■ Material I./M 6 (Experiment): Funktion der Augenlinse als Sammellinse<br>Tafel: Skizze des Versuchsaufbaus |

***Unterrichtliche Anmerkung:*** *Verfügen die SuS noch nicht über die hierfür notwendigen physikalischen Kenntnisse, wird im Experiment nach Versuch und Irrtum zwischen Zerstreuungs- und Sammellinse entschieden und anschließend die Funktion der Sammellinse erarbeitet; andernfalls kann auf der Grundlage des Experiments der Strahlengang durch eine Sammellinse gezeichnet werden. Wichtig ist es, die Parallelen zwischen Modellversuch und Auge ständig bewußt zu machen.*

| Erarbeitungsschritte | Medien |
|---|---|
| ■ Unterrichtsgespräch: Formulierung von Beobachtungen und Deutung | ■ Tafel: Skizze zur Abbildung des Gegenstandes auf der Netzhaut.<br>Auf der Netzhaut entsteht ein umgekehrtes verkleinertes Bild. |
| ■ L-Impuls: L verändert die Gegenstandsweite auf der opt. Bank in die eine und/oder andere Richtung | ■ Tafel: Das Bild ist nur in einer bestimmten Stellung des Gegenstandes zur Linse scharf. |
| ■ Unterrichtsgespräch: SuS erkennen, daß mit dem menschlichen Auge in jeder Entfernung scharf gesehen wird, sie machen Vorschläge, wie im Experiment ein scharfes Bild erzeugt werden könnte | ■ Tafel: Wir können mit einer Linse in unserem Auge in jeder Entfernung scharf sehen.<br>Kann man im Experiment mit verschiedenen Linsen ein scharfes Bild erzeugen? |
| ■ Demonstrationsexperiment zur Akkommodation | ■ Material I./M 7 (Experiment): Modellversuch zur Akkommodation<br>Tafel: Skizze des Versuchsaufbaus<br>Im Modellversuch kann man durch Austausch der Linse Gegenstände in unterschiedlicher Entfernung scharf auf dem Schirm abbilden. |
| ■ Unterrichtsgespräch: SuS nennen die Beobachtungen<br>Beobachtungen werden zur Deutung in eine Tafelzeichnung umgesetzt, die den Strahlenverlauf bei Linsen mit unterschiedlicher Brennweite erkennen läßt | ■ Tafel: Beobachtungsprotokoll<br>Tafel: Skizze zur Abbildung unterschiedlich weit entfernter Gegenstände auf der Netzhaut |
| ■ L entwickelt Abb. zur Akkommodation des Wirbeltierauges | ■ Tafel: Akkommodation des Wirbeltierauges (auch als Arbeitsblatt möglich: siehe Material I./M 8) |
| ■ Unterrichtsgespräch: SuS wenden die Erkenntnisse aus dem Experiment auf die Abb. an und erläutern damit die Akkommodation des Wirbeltierauges. | |

| Erarbeitungsschritte | Medien |
|---|---|
| **A./B.3 Das Erkennen von Farben** | |

*Störungen des Farbsinnes treten bei etwa 8 % aller Männer, jedoch bei nur 0,4 % der Frauen auf. Ein einfaches Experiment läßt eine Anomalie des Farbensehens deutlich werden. Eine Erklärung dafür läßt sich jedoch nur finden, wenn Kenntnisse über das Farbensehen vorliegen.*
*Als Grundlage für die Erarbeitung des Farbensehens sollten physikalische Kenntnisse zu den Eigenschaften von Licht vorhanden sein.*

| Erarbeitungsschritte | Medien |
|---|---|
| ■ L-Impuls: L demonstriert Testtafel zur Farbfehlsichtigkeit und läßt SuS lesen | ■ Testtafel (Schulbuch) |

***Unterrichtliche Anmerkung:** Mit diesen Testtafeln soll auf die Untersuchung des Farbensehens hingelenkt und auf die Erscheinung der Farbfehlsichtigkeit aufmerksam gemacht werden. Ist einer der Schüler in der Lerngruppe farbfehlsichtig, wird er gebeten, über seine Farbempfindungen zu berichten.*

| Erarbeitungsschritte | Medien |
|---|---|
| ■ Unterrichtsgespräch: Diskussion über die Zielsetzung des Experiments und über die Ergebnisse in der Lerngruppe | |
| ■ L.: „Wir untersuchen nun, wo sich auf unserer Netzhaut farbempfindliche Sehzellen befinden." | ■ Material I./M 9 (Experiment): Untersuchung des Gesichtsfeldes (Perimetrie) |

***Unterrichtliche Anmerkung:** Das Experiment führt u.a. zu der Erkenntnis, daß es drei verschiedene farbempfindliche Sorten von Sehzellen gibt.*

| Erarbeitungsschritte | Medien |
|---|---|
| ■ Schülerexperiment: Papierchromatogramm | ■ Material I./M 10 (Experiment): Papierchromatogramm |
| ■ Auswertung des Papierchromatogramms | ■ Tafel |

***Anmerkung:** Die SuS erkennen, daß (Filzstift-) Farben nicht einheitlich zusammengesetzt sind und daß sich ihre Komponenten trennen lassen. Der Farbeindruck entsteht also nicht dadurch, daß sich die gemischten Farben durch das Mischen verändern, sondern durch ihr Zusammenwirken.*

| Erarbeitungsschritte | Medien |
|---|---|
| ▶ **Problemfrage:** Was ist (weißes/farbiges) Licht? Wie kann man Farben erkennen? evt.: Weshalb kann ein farbenblinder Schüler die Farben nicht erkennen? | ■ Tafel |
| ■ L führt Demonstrationsexperiment zur Dispersion des Lichtes vor | ■ Material I./M 11 (Experiment): Zusammensetzung von weißem Licht<br>Tafel: Versuchsaufbau |
| ■ SuS beschreiben ihre Beobachtungen und deuten sie. | ■ Tafel: Versuchsprotokoll |

***Unterrichtliche Anmerkung:** Aus dem zweiten Versuchsteil und aus dem vorher hergestellen Chromatogramm ergibt sich, daß Farbempfindungen durch Zusammenwirken verschiedenfarbigen Lichts entstehen. Dies wird im folgenden Demonstrationsexperiment weiter untersucht.*

| Erarbeitungsschritte | Medien |
|---|---|
| ■ Demonstrationsexperiment: additive Farbmischung Die Schüler werden daran beteiligt auszuwählen, welche Lichtqualitäten gemischt werden sollen. | ■ Material I./M 12 (Experiment): Additive Farbmischung<br>■ Tafel: Beobachtungsprotokoll<br>Licht A + Licht B → Wahrnehmung C |

| Erarbeitungsschritte | Medien |
|---|---|
| ■ SuS deuten die Beobachtungen. | ■ Tafel |
| ***Unterrichtliche Anmerkung:*** *Je nach Material für die Durchführung des Experiments ergibt sich bereits hier die Erkenntnis, daß alle anderen Farbeindrücke durch Mischung der Lichtqualitäten Blauviolett, Grün und Rot erzeugt werden können. Ansonsten wird dieser Sachverhalt im Unterrichtsgespräch erarbeitet und experimentell bestätigt.* | |
| ■ Demonstrationsexperiment | ■ Material I./M 12 (Experiment): Mischung der Lichtqualitäten Blauviolett, Grün und Rot<br>Tafel: Beobachtungsprotokoll |
| ■ SuS leiten aus den Erkenntnissen der additiven Farbmischung die trichromatische Theorie des Farbensehens ab und formulieren sie mit eigenen Worten. | ■ Tafel |
| ■ L gibt Informationen über den Aufbau der Netzhaut. | ■ **Alternativ:** Lehrbuch |
| ***Unterrichtliche Anmerkung:*** *Die Probleme, die Farbfehlsichtige im Straßenverkehr haben, sollten an dieser Stelle diskutiert werden.* | |
| **A./B.4 Räumliches Sehen** | |
| *Zwei einfache Versuche thematisieren das räumliche Sehen: im ersten Experiment erkennen die SuS, daß räumliches Sehen mit einem Auge allein nicht möglich ist. Der zweite Versuch zeigt, daß zwei etwas unterschiedliche Netzhautbilder das räumliche Sehen ermöglichen.* | |
| ■ L gibt die Anleitung zur Durchführung von Versuch 1 aus I./M 13; SuS führen den Versuch durch, protokollieren ihre Beobachtungen und deuten sie. | ■ Material I./M 13 (Experiment): Räumliches Sehen<br>Tafel: Versuchsprotokoll |
| ■ Aus der Erkenntnis „Räumliches Sehen ist mit einem Auge nicht möglich" ergibt sich die Problemfrage:<br>Wie leisten es beide Augen gemeinsam, die Umwelt räumlich zu erkennen? | ■ Tafel |
| ■ SuS führen Versuch 2 aus I./M 13 durch, protokollieren ihre Beobachtungen und deuten sie. | ■ Material I./M 13 (Experiment): Räumliches Sehen<br>Tafel: Versuchsprotokoll |
| ■ Im Unterrichtsgespräch wird eine zeichnerische Darstellung entwickelt, aus der hervorgeht, daß auf der Netzhaut in beiden Augen ein etwas unterschiedliches Bild entsteht. Das Gehirn setzt die beiden Bilder so zusammen, daß ein räumlicher Seheindruck entsteht. Das räumliche Sehen spielt auch beim Abschätzen von Entfernungen eine Rolle (vgl. Versuch 1). | ■ Tafel: Zeichnung des Gegenstandes, wie man ihn mit dem rechten bzw. linken Auge sieht |
| ■ Um auf die gestörte Wahrnehmung beim Schielen zu lenken, wird Versuch 3 aus I./M 13 durchgeführt | ■ Material I./M 13 (Experiment): Schielen |

| Erarbeitungsschritte | Medien |
|---|---|
| ■ Die SuS formulieren ihre Beobachtungen und deuten sie. | ■ Tafelzeichnung: Konvergieren der Sehachsen beim Fixieren eines Gegenstandes; Abbildung im gelben Fleck; Abbildung von Gegenständen in anderer Entfernung auf nicht korrespondierenden Netzhautstellen; Folge: Doppelbilder |
| ■ L-Impuls: „ Es gibt Menschen, bei denen die beiden Augenachsen stark voneinander abweichen (Schielen).“ Wie werden Gegenstände dadurch wahrgenommen? Fertigt zur Lösung des Problems entsprechende Skizzen an! | ■ Material I./M 14 (materialgebundene Aufgabe): Räumliches Sehen und Schielen **Alternativ:** Tafelzeichnung |
| ■ SuS fertigen nach Vorgabe Skizzen an, aus denen hervorgeht, daß beim Schielen Doppelbilder wahrgenommen werden (vg. I./M 13, Versuch 3). *Anmerkung: Es ist wichtig, darauf hinzuweisen, daß die Folgen bei bestimmten Formen des Schielens (Verlust der Sehkraft eines Auges) durch frühzeitige Behandlung (im Vorschulalter!) vermieden werden können.* | ■ Tafel: Zeichnung zur Wahrnehmung bei Einwärts- oder Auswärtsschielen eines Auges |

**A./B.5 Grenzen der Wahrnehmung – Probleme der Teilnahme am Straßenverkehr**

*Die Erarbeitung der Funktion der menschlichen Sinnesorgane führt leicht dazu, deren Leistungen überzubewerten. Übergreifend zwischen Biologie und Verkehrserziehung kann aufgezeigt werden, daß die Leistungsfähigkeit unserer Sinnesorgane begrenzt ist und daß daraus Gefahren für die Teilnahme am Straßenverkehr resultieren.*

| Erarbeitungsschritte | Medien |
|---|---|
| ■ L-Impuls: „ Wir haben gesehen, daß Farbenblindkeit und Einäugigkeit im Straßenverkehr zu Problemen führen. Der folgende Text soll euch zeigen, daß die begrenzte Leistungsfähigkeit unserer Sinneswahrnehmung zu Gefahren führen kann.“ | |
| ■ L verteilt Text: „Das habe ich nicht gesehen!“ SuS lesen den Text und bearbeiten die gestellte Aufgaben | ■ Material I./M 15 (materialgebundene Aufgabe): Ablauf der Wahrnehmung |
| ■ Unterrichtsgespräch über Ursachen dafür, daß bestimmte Dinge im Straßenverkehr nicht wahrgenommen werden; | ■ Tafel |
| ■ L projiziert Film | ■ FWU-Film 32 3299: Grenzen der Wahrnehmung in ganzer Länge |
| ■ Unterrichtsgespräch: SuS stellen heraus, wodurch die opt. Wahrnehmung begrenzt wird und welche Gefahren im Straßenverkehr sich daraus ergeben. Der Ablauf der Wahrnehmung von der Reizaufnahme bis zur Reaktion wird erläutert. Die Beeinflussung der Wahrnehmung durch Ermüdung, Alkohol, ... wird erarbeitet. | ■ Tafel<br>■ Tafel<br>■ Material I./M15 (materialgebundene Aufgabe): Ablauf der Wahrnehmung |
| mögliche Ergänzung: | |
| ■ L projiziert Film | ■ FWU-Film 32 3334: Umfeld der Wahrnehmung in ganzer Länge |

| Erarbeitungsschritte | Medien |
|---|---|
| ■ Unterrichtsgespräch: Es wird erarbeitet, daß die Wahrnehmung von Veränderungen des Umfeldes abhängig ist: optische Täuschungen, Tarnung, Subjektivität der Geschwindigkeitswahrnehmung, Komplexität des Wahrnehmungsgeschehens im Gehirn | ■ Tafel |
| **A./B.6 Sehschwächen, weit verbreitet** | |
| ■ L-Impuls: „Wir haben erkannt, daß Sehschwächen in unserer Gesellschaft eine wesentliche Rolle spielen. Die Ursachen von Kurz– bzw. Weitsichtigkeit sehen wir uns im Film an.“ | ■ Klett-Film 36 00257: Augenfehler und ihre Korrektur |
| ■ Unterrichtsgespräch: SuS erläutern Ursachen, Symptome und Korrektur von Fehlsichtigkeit; | |
| ■ Die Verhältnisse lassen sich experimentell nachvollziehen. | ■ Material I./ M 16 (Experiment): Modellversuch zu Kurz– und Weitsichtigkeit<br>Tafel: Skizze des Versuchsaufbaus |
| ■ Unterrichtsgespräch: Formulierung von Beobachtungen und Deutung<br>Abb. von Material I./M 17 kann zur Ergebnissicherung eingesetzt werden | ■ Tafel: Beobachtungen und Deutung<br>■ Material I./M 17 (materialgebundene Aufgabe): Kurz- und Weitsichtigkeit |
| ■ L-Impuls: „Wir sollten untersuchen, welche Rolle die Fehlsichtigkeit an unserer Schule spielt. Formuliert Fragen, die durch eine Schülerbefragung beantwortet werden.“ | ■ Tafel:<br>1 Welche Sehschwächen/Augenerkrankungen treten bei Jugendlichen auf?<br>2 Mit welcher Häufigkeit treten sie auf ?<br>3 Wie werden sie korrigiert bzw. behandelt? |
| ■ Die Schüler bilden Arbeitsgruppen, auf die die Aufgaben verteilt werden. | |
| ■ Gruppenarbeit: Planung und Organisation der Umfrage in der Schule; | |
| ***Unterrichtliche Anmerkung:*** *Es bietet sich an, die Unterrichtsergebnisse in Form einer Dokumentation (z. B. Gestaltung einer Stellwand) für andere Schüler zugänglich zu machen. Die Umfrage an der Schule kann durch Befragung eines Augenarztes und eines Optikers sinnvoll ergänzt werden.* | |
| **A./B.7 Es gibt Augenerkrankungen, die zur Erblindung führen** | |
| *Die Lebenssituation Blinder ist für die Schüler nur schwer nachvollziehbar. Die im einführenden Text beschriebenen Schwierigkeiten der blinden Frau im Straßenverkehr machen deutlich, welche Bedeutung die Lichtsinnesorgane für die Orientierung in der Umwelt haben. Um mehr über die Situation blinder Mitmenschen zu erfahren, kann man sich an den örtlichen Blindenverein, an einen Betroffenen oder einen Augenarzt wenden.* | |
| ■ L liest Bericht einer blinden Frau vor/verteilt Text als Arbeitsblatt | ■ Material I./M 18 (Materialgebundene Aufgabe): Hindernislauf – Erfahrungen einer blinden Frau auf ihrem Weg zur Arbeit |
| ■ Unterrichtsgespräch über die Aufgaben zu Material I./M 18 | |

| Erarbeitungsschritte | Medien |
|---|---|
| ■ L-Impuls: „Welche Schwierigkeiten im täglichen Leben haben Menschen, die nicht sehen können, darüber hinaus?“<br>■ L-Impuls: „Welche Hilfsmittel stehen für die Lösung der Probleme zur Verfügung?”<br>■ Unterrichtsgespräch | ■ Tafel:<br>– Tätigkeiten im Haushalt<br>– Lesen, Fernsehen, Kino, ...<br>– Einkauf (Auswahl der Produkte, Preise)<br>■ Tafel:<br>– Blindenschrift<br>– Blindenhund<br>– akustische Signale an Ampeln<br>– Blindenstock |
| ■ L verteilt einen Satz/eine Zahl in Blindenschrift, den/die die SuS lesen sollen | ■ Material I./M 19 (Materialgebundene Aufgabe): Text/Alphabet in Blindenschrift (Kopiervorlage) |

***Unterrichtliche Anmerkung:*** *Das Alphabet und Texte in Blindenschrift sind bei den örtlichen Blindenvereinen erhältlich. Man kann sich auch wenden an*
*Deutscher Blindenverband e.V., Bismarckallee 30, 53173 Bonn*
*Es empfiehlt sich, einen Übungstext einzusetzen, der nicht in Kurzschrift geschrieben ist. (Bei der Blindenschrift handelt es sich um eine Kurzschrift, die mit der stenographischen Kurzschrift nicht übereinstimmt. Entsprechende Texte können von den Schülern i.a. nicht gelesen werden.)*
*Steht ein solcher Text nicht zur Verfügung, sollte man sich darauf beschränken, einzelne Buchstaben oder eine Zahl zu lesen.*

***Unterrichtliche Anmerkung:*** *Die Schüler haben am Beispiel der Blindenschrift erkannt, daß die Hilfsmittel für Blinde deren Probleme nur unzureichend lösen können. Es erweist sich an dieser Stelle als äußerst sinnvoll und ertragreich, Kontakt zum örtlichen Blindenverein aufzunehmen und die Begegnung mit einem Blinden im Unterricht zu organisieren.*

| I./M 1 | Überprüfung der Sehschärfe | EXPERIMENT |
| --- | --- | --- |

**Arbeitsmaterial:**

# 1 Jeder Dritte

# 2 leidet unter

# 3 mangelndem

## 4 Sehvermögen.

## 5 Kannst du diese Zeilen lesen?

### 6 Probiere es aus 3m Entfernung!

### 7 Halte dabei abwechselnd je ein Auge zu.

**8 Kannst du die 5. Zeile von oben nicht**

**9 mehr lesen, so solltest du dein**

**10 Sehvermögen untersuchen lassen**

**Aufgaben:**

a) Lest den Text aus einer Entfernung von 3 m – Brillenträger einmal mit und einmal ohne Brille – und nennt, welche Zeilen Ihr sicher lesen könnt!
b) Worin liegen die Ursachen für die unterschiedlichen Ergebnisse?

| I./M 2 | Das Sehen im Straßenverkehr | Materialgebundene AUFGABE |
|---|---|---|

**Arbeitsmaterial:**

*Das Sehen im Straßenverkehr*

## Schwächen in der Dämmerung

Die heutigen Lebens-, Arbeits- und sogar Freizeitbedingungen erfordern einen guten Durchblick, ein gutes Sehen. Ganz besonders gilt das aber für den Straßenverkehr.

Eine „Brillenstudie“ des Kuratoriums „Gutes Sehen” hat eine besorgniserregende Entwicklung in Deutschland ausgemacht: Die Deutschen widmen dem guten Sehen nicht ausreichende Bedeutung. Jeder Dritte Erwachsene hat seit mehr als sechs Jahren keinen Sehtest machen lassen! Und – schlimmer noch – 43 Prozent aller 40- bis 50jährigen Kraftfahrer gaben an, ihre Sehleistung seit mindestens sechs Jahren nicht mehr überprüft zu haben.

Regelmäßige Augenüberprüfungen sind aber gerade für die Teilnahme am Straßenverkehr lebensnotwendig. Besonders bei Nachtfahrten tun sich erhebliche Abgründe auf. Jeder fünfte Berufskraftfahrer – der in einen nächtlichen Unfall verwickelt war – zeigte eine deutlich verringerte Dämmerungssehleistung. Die Untersuchungen zeigen weiter, daß gleichzeitig bei jedem vierten eine merklich erhöhte Blendempfindlichkeit vorlag. Blendempfindlich ist jeder mit zunehmendem Alter.

Eine regelmäßige Überprüfung der Sehleistung ist daher unerläßlich. Bei ungefähr 15 Prozent der Bevölkerung liegt, auch wenn diese mit – oder ohne Sehhilfe – eine Sehschärfe von 1 aufweisen, eine zusätzliche Nachtmyopie, eine Nachtkurzsichtigkeit, zwischen 1 Dioptrie und mehr vor. Dabei kann dieser spezielle Sehfehler durch eine Korrektur ausgeglichen werden. Mit der Brille, die ausschließlich zum nächtlichen Autofahren benutzt wird.

Verantwortlich für schlechtes Sehen während der Dämmerung ist nicht selten die Trübung der Augenlinse, der graue Star. Eine generelle Verschlechterung der Nachtsehqualität beginnt ungefähr bei 55 Jahren. Nur noch ein Drittel der älteren Menschen oberhalb von 66 Jahren weist ein halbwegs gutes Dämmerungssehen auf.

**Monika Lohmüller**

*Sehstörungen*

## Getrübter Durchblick

Mehr und mehr wird bei uns Deutschen der Durchblick getrübt. Sehschwächen werden öfter mittels Brille ausgeglichen. Heute tragen über 35 Millionen Menschen eine Brille. 15 Prozent mehr als vor 15 Jahren. Nicht gezählt die 800 000 Kinder, die ebenfalls eine Brille tragen, und die rund zwei Millionen Träger harter oder weicher Kontaktlinsen, die ihre Fehlsichtigkeit durch die unsichtbare „Brille auf der Pupille“ ausgleichen.

Diese aktuellen Zahlen basieren auf einer Brillenstudie, die das Institut Allensbach im Auftrag des „Kuratorium Gutes Sehen“ durchgeführt hat. Erstmals wurden 1993 im vereinten Deutschland rund 20 000 Personen befragt, wie es um ihre Sehfähigkeit bestellt ist. Dabei kam auch zutage, daß Menschen in Präzisionsberufen und jene, die viel am Computer-Bildschirm arbeiten, häufiger eine Brille benötigen. Bei diesen Tätigkeiten werden besonders hohe Anforderungen an das Sehvermögen gestellt. Würde jeder regelmäßig seine Sehschärfe überprüfen lassen, so könnten Sehschwächen früher ausgeglichen werden. Doch lassen gerade Nicht-Brillenträger ihre Sehschärfe seltener überprüfen. Nur jeder Dritte war innerhalb der letzten zwei Jahre bei einem Augenarzt. Bei über 30 Prozent der Befragten lag dieser Gang bereits sechs Jahre zurück, in den neuen Bundeländern gehen mittlerweile wesentlich mehr Menschen zu Sehtests.

Besonders bedenklich wirkt sich dieses nachlässige Verhalten bei Kraftfahrern aus:

Von den 42, 9 Millionen Deutschen, die im Straßenverkehr ein Auto steuern, sind 22,6 Millionen Brillenträger. Doch 6,1 Millionen zweifeln an ihrer richtigen Brillenstärke und damit am scharfen Durchblick. Von den 3,4 Millionen, die keine Brille tragen, bezweifeln die meisten, ob eine Überprüfung der Augen beim Augenarzt oder Optiker eine optimale Sehleistung erbringen würde. Denn: Von den 40- bis 49jährigen ohne Brille ließen rund die Hälfte ihre Sehschärfe sechs bis zehn Jahre nicht überprüfen.

Ratgeber 10/1994

**Aufgabe:**

Untersuche den Text/die Texte unter der Fragestellung: Weshalb ist die Überprüfung des Sehvermögens – insbesondere für Autofahrer – so wichtig?

| I./M 3 | Präparation von Rinderaugen | EXPERIMENT |
|---|---|---|

**Arbeitsmaterial:**

**Versuchsprotokoll**

*Thema:* Bau des Wirbeltierauges

*Material:*
- Frisches (!) Rinderauge (von Fett-, Muskel- und Bindegewebe befreit)
- Präparierschale
- Skalpell (ersatzweise Rasierklinge)
- Präparierschere
- Pinzette
- Pergamentpapier
- Kerze (dazu Feuerzeug oder Streichhölzer)
- Papier zum Reinigen von Händen und Präparierbesteck
- Einmalhandschuhe

*Durchführung:*

A. Betrachte das Rinderauge von außen! Welche Teile des Auges sind zu erkennen?

B. Lege das Auge mit der Pupille nach unten in die Präparierschale! Halte es mit der Pinzette fest! Schneide mit dem Skalpell in die hintere Wand des Auges neben der Eintrittsstelle des Sehnerven **vorsichtig**, ohne den Glaskörper zu beschädigen, ein 1 cm x 1 cm großes Fenster. Hebe das ausgeschnittene Stück mit der Pinzette ab. Bedecke das Loch mit einem Stück Pergamentpapier!
Zünde die Kerze an. Halte das Rinderauge so, daß es die Kerze „ansieht". Betrachte die brennende Kerze durch das Rinderauge hindurch. Bewege das Auge hin und her, so daß es näher oder weiter von der Kerze entfernt ist.
Beobachte!

C. Schneide das Rinderauge so durch, daß eine vordere und eine hintere Hälfte entsteht. Fertige dabei den ersten Schnitt mit dem Skalpell an; dann wird das Auge mit der Präparierschere zertrennt.
Löse den Glaskörper vorsichtig aus der vorderen Augenhälfte. Überprüfe seine Konsistenz!
Drücke vorsichtig die Linse heraus. Lege sie auf ein engbeschriebenes Papier und beobachte!
Betrachte die hintere Hälfte des Auges! Was ist zu erkennen?

**Aufgabe:**

Protokolliere Deine Beobachtungen!

| I./M 4 | Bau des Wirbeltierauges | Materialgebundene AUFGABE |
|---|---|---|

**Arbeitsmaterial:**

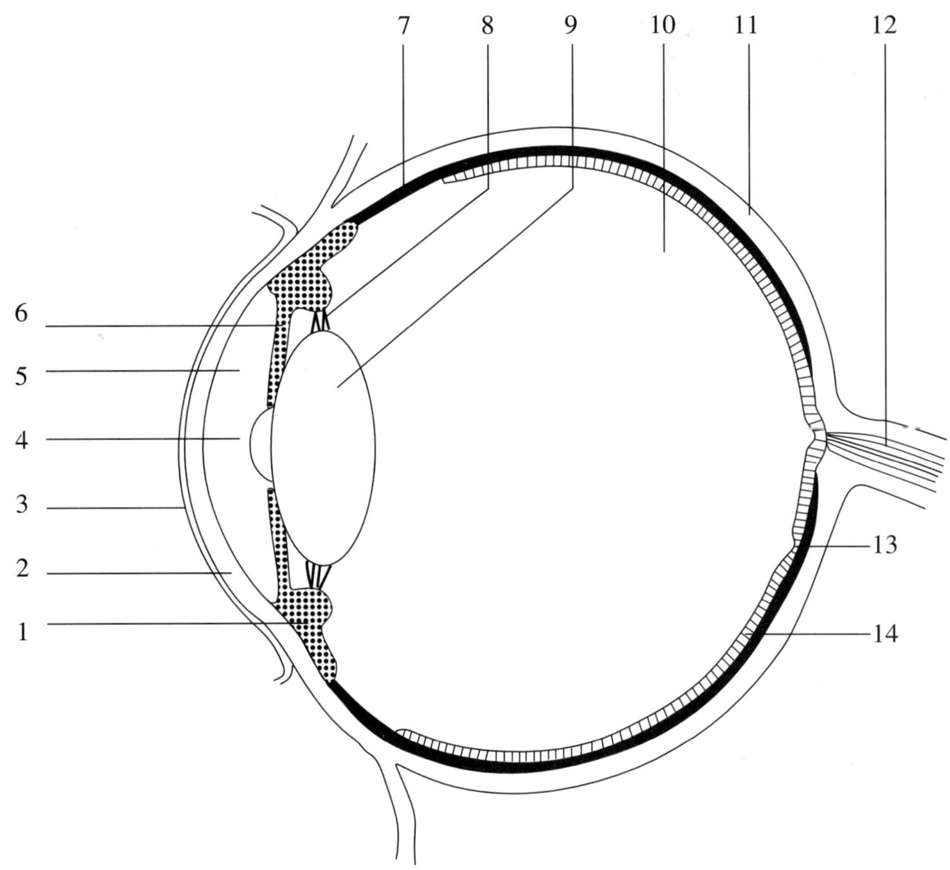


**Aufgabe:**

Benenne die Teile des Auges!

1. ______________________
2. ______________________
3. ______________________
4. ______________________
5. ______________________
6. ______________________
7. ______________________
8. ______________________
9. ______________________
10. ______________________
11. ______________________
12. ______________________
13. ______________________
14. ______________________

| I./M 5 | Blinder Fleck | EXPERIMENT |
| --- | --- | --- |

**Arbeitsmaterial:**

**Versuchsprotokoll**

*Thema:* Auffinden und Kompensation des Blinden Flecks

*Material:* Karten mit der folgenden oder einer entsprechenden Abbildung (in den meisten Schulbüchern zu finden)

1.

Alternativ oder ergänzend können Karten mit der folgenden Abbildung eingesetzt werden, die in Schulbüchern nicht zu finden ist:

2.

*Durchführung:*
Man hält die Abbildung etwa eine Armlänge von sich entfernt. Das rechte Auge wird geschlossen.
1. Mit dem linken Auge wird der Hase fixiert. Dann wird die Abbildung dem Auge genähert.
2. Mit dem linken Auge wird das Quadrat fixiert. Dann wird die Abbildung dem Auge genähert.

**Aufgaben:**

a) Führe den/die Versuch(e) durch, und protokolliere Deine Beobachtungen!
b) Deute Deine Beobachtungen, und fertige eine Zeichnung an, die Deine Beobachtungen veranschaulicht!

| I./M 6 | Funktionsweise der Augenlinse | EXPERIMENT |
|---|---|---|

**Arbeitsmaterial:**

**Versuchsprotokoll**

*Thema:* Charakterisierung der Augenlinse als Sammellinse

*Material:*
- Reuterlampe mit Spannungsquelle
- optische Bank mit Ständer und 3 Reitern
- Pfeilblende
- Sammellinse (f = +15 cm) mit Halterung
- Zerstreuungslinse (f = -15 cm) mit Halterung
- Schirm

alternativ zu Reuterlampe und Pfeilblende:
- brennende Kerze

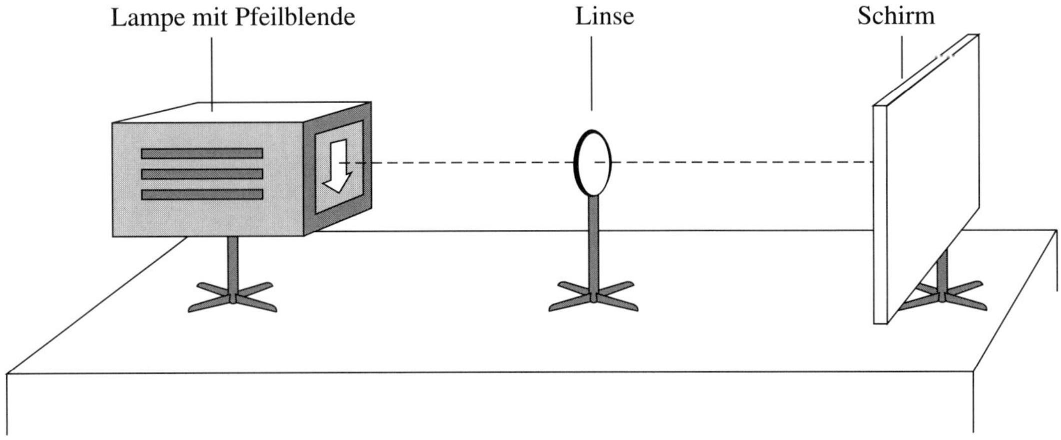


*Durchführung:*
Auf der optischen Bank befestigt man – wie in der Abbildung gezeigt – Reuterlampe mit Pfeilblende, Linse und Schirm. Der Abstand zwischen Linse und Schirm wird vorgegeben.
Die Schüler wählen – je nach Vorkenntnissen – Sammel- oder Zerstreuungslinse und versuchen, ein scharfes Bild des Gegenstandes auf dem Schirm zu erzeugen.

**Aufgaben:**

a) Versuche, mit den zur Verfügung stehenden Linsen ein scharfes Bild des Gegenstandes auf dem Schirm zu erzeugen!
b) Welche Parallelen bestehen zwischen Bau und Funktion des menschlichen Auges und dem Modellversuch?
c) Stelle Dein Ergebnis in Form einer beschrifteten Skizze dar, indem Du entsprechende Teile des Versuchs und des Auges untereinander darstellst!

| I./M 7 | Modellversuch zur Akkommodation | EXPERIMENT |
|---|---|---|

**Arbeitsmaterial:**

**Versuchsprotokoll**

*Thema:* Modellversuch zur Akkommodation

*Material:*
- Reuterlampe mit Spannungsquelle
- optische Bank mit Ständern und 3 Reitern
- Pfeilblende
- Sammellinsen (f = +5 cm, f = +10 cm, f = +15 cm) mit Halterung
- Schirm

alternativ zu Reuterlampe und Pfeilblende:
- brennende Kerze

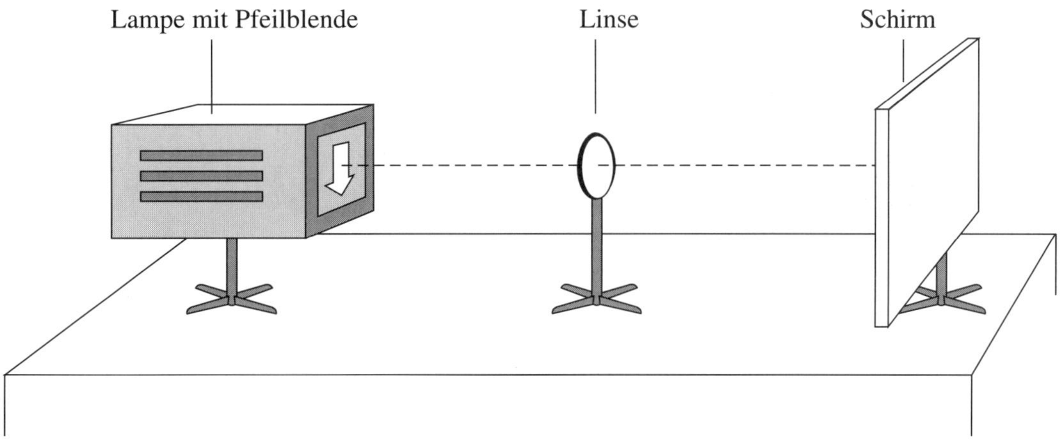


*Durchführung:*
Auf der optischen Bank befestigt man – wie in der Abbildung gezeigt – Reuterlampe mit Pfeilblende, Linse und Schirm.

A. Die Ausgangssituation ist durch folgende Anordnung dargestellt: Brennweite der Linse f = +10 cm, Abstand zwischen Linse und Schirm 20 cm, Entfernung zwischen Gegenstand (Pfeilblende) und Linse 20 cm. Man erhält eine scharfes Bild des Pfeils auf dem Schirm.

B. Der Gegenstand wird bis auf 6,7 cm an die Linse herangerückt. Das Bild des Pfeils auf dem Schirm ist unscharf. Ein scharfes Bild des Pfeils erhält man durch Änderung der Brennweite der Linse, d. h. indem man die Linse f = +10 cm durch eine Linse f = +5 cm ersetzt.

C. Der Gegenstand wird in einen Abstand von 60 cm zur Linse gebracht. Das Bild des Pfeils auf dem Schirm ist unscharf. Ein scharfes Bild des Pfeils erhält man durch Änderung der Brennweite der Linse, d. h. indem man die Linse f = +10 cm durch eine Linse f = +15 cm ersetzt.

**Aufgaben:**

a) Protokolliere Deine Beobachtungen und erkläre sie!

b) Übertrage die hier gewonnenen Erkenntnisse auf die Funktionsweise des menschlichen Auges, indem Du seine Fähigkeit, Gegenstände in unterschiedlicher Entfernung scharf auf der Netzhaut abzubilden, erläuterst!

| I./M 8 | Akkommodation des Wirbeltierauges | Materialgebundene AUFGABE |
|---|---|---|

**Arbeitsmaterial:**

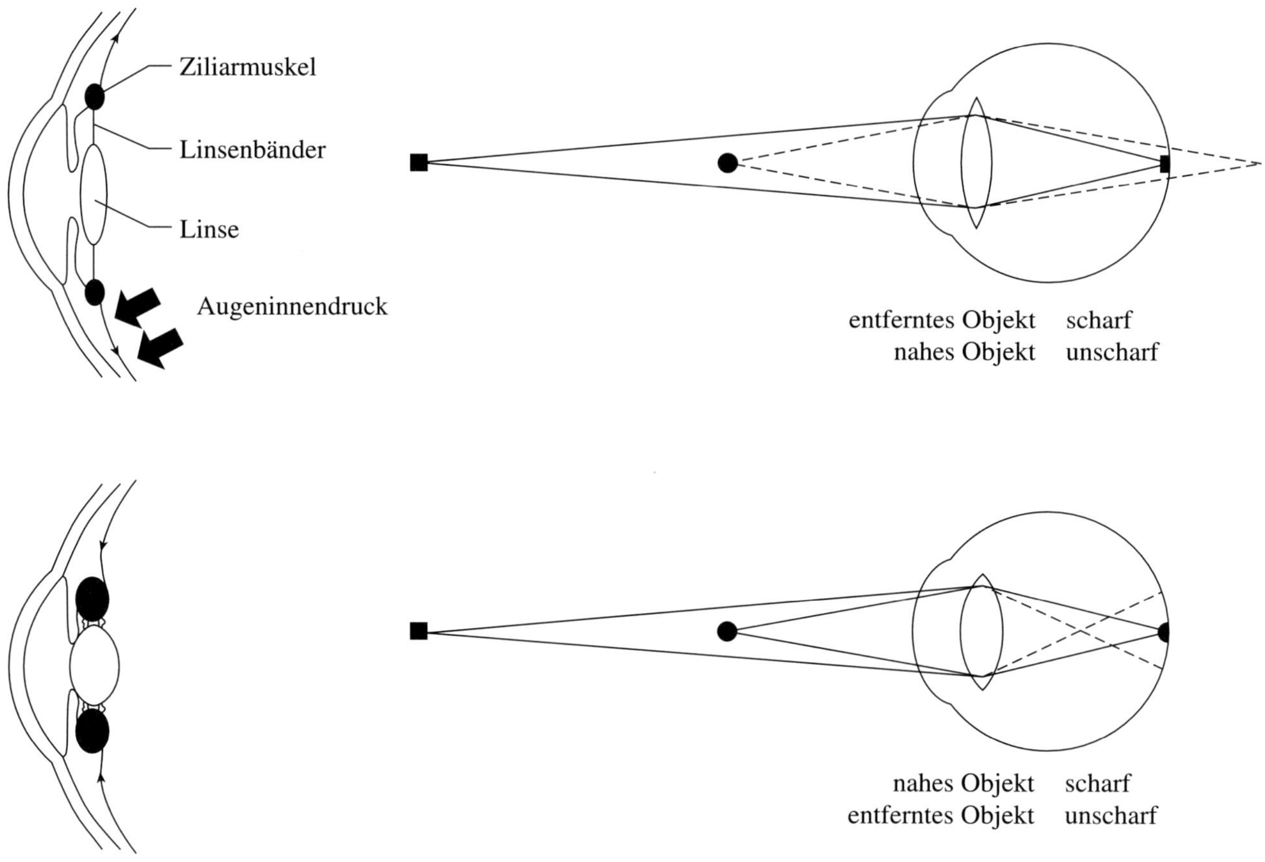


**Aufgaben:**

a) Erläutere anhand der beiden Abbildungen die Fähigkeit des Linsenauges, Gegenstände in unterschiedlicher Entfernung scharf auf der Netzhaut abzubilden!

b) Nenne die einzelnen Abläufe bei der Nahakkommodation in der Reihenfolge ihres Auftretens:

1. Kontraktion des Ziliarmuskels
2. …
3. …

| | | |
|---|---|---|
| **I./M 9** | **Untersuchung des Gesichtsfeldes** | **EXPERIMENT** |

**Arbeitsmaterial:**

**Versuchsprotokoll**

*Thema:* Untersuchung des Gesichtsfeldes durch Perimetrie

*Material:*
- Zeichenkarton 80 x 40 cm
- Zeichenkarton 126 x 30 cm
- Klebestreifen
- Karten mit unterschiedlichen Formen (Durchmesser 3 cm) in verschiedenen Farben
- farblose Wäscheklammer
- Winkelmesser
- Bleistift und Protokollpapier

*Durchführung:*
Aus dem Zeichenkarton 80 x 40 cm wird ein Halbkreis von 40 cm Radius ausgeschnitten. Der Halbkreis wird im Abstand von 5 cm von der Kante auf den Tisch gelegt.
Der lange Zeichenkarton wird senkrecht um den Halbkreis herum aufgestellt und am Tisch befestigt. Am oberen Rand der Rückseite werden von der Mitte aus nach links und rechts zweimal 90° in Zehnerschritten markiert (7 cm entsprechen 10°)
Auf der Vorderseite wird gegenüber der 0°-Markierung kurz unterhalb des oberen Randes der Fixierpunkt gekennzeichnet.

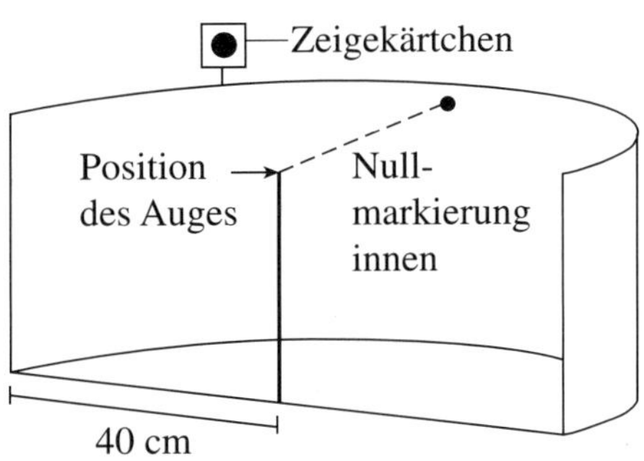


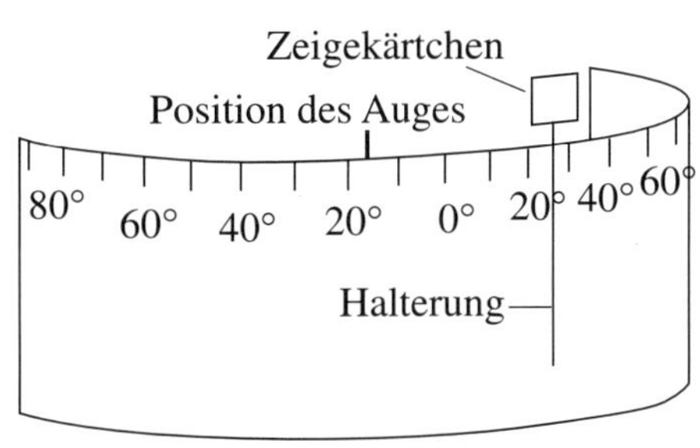


Die Schüler arbeiten in Dreiergruppen. Die Versuchsperson nimmt am Tisch Platz und stützt das Kinn vorne an der Tischkante auf beide Hände. Ihr wird ein Auge verbunden. Mit dem anderen Auge wird der markierte Punkt fixiert.
Der zweite Schüler führt die Karten mit den verschiedenfarbigen Formen an der oberen Kante des Zeichenkartons langsam von 90° her in das Gesichtsfeld der Versuchsperson.
Zunächst werden nur die Karten einer Farbe verwendet. Die Versuchsperson gibt an, wann sie die Form des Gegenstandes eindeutig erkennt. Der Protokollant notiert, in welchem Winkel die Form richtig angegeben wurde (vorbereitete Tabelle!).
Zur Ergebnissicherung werden die Formen im Wechsel mehrfach in das Gesichtsfeld gebracht.
Im weiteren Vesuchsverlauf werden die Karten verschiedener Form und Farbe in das Gesichtsfeld der Versuchsperson gebracht, und diese gibt an, wann die Farbe des Gegenstandes eindeutig erkannt wird (Wiederholung der Versuche). Der Protokollant notiert, in welchem Winkel die jeweilige Farbe richtig angegeben wurde.

**Aufgaben:**

a) Stelle die Versuchsergebnisse zeichnerisch dar!
b) Beschreibe und erkläre die Versuchsergebnisse!

| I./M 10 | Farbfehlsichtigkeit | EXPERIMENT |
|---|---|---|

**Arbeitsmaterial:**

**Versuchsprotokoll**

*Thema:* Papierchromatographie – Farbfehlsichtigkeit

*Material:* Filtrierpapier, schwarzer Filzstift (evtl. auch andere Farben)

*Durchführung:*
In der Mitte des Filterpapiers wird mit einem schwarzen Filzstift ein kleiner Farbfleck aufgebracht (Auftragen der Farbe mehrfach wiederholen). Auf den Farbfleck wird Wasser aufgetropft und zwar so , daß der zweite Tropfen erst folgt, wenn der erste eingezogen ist.

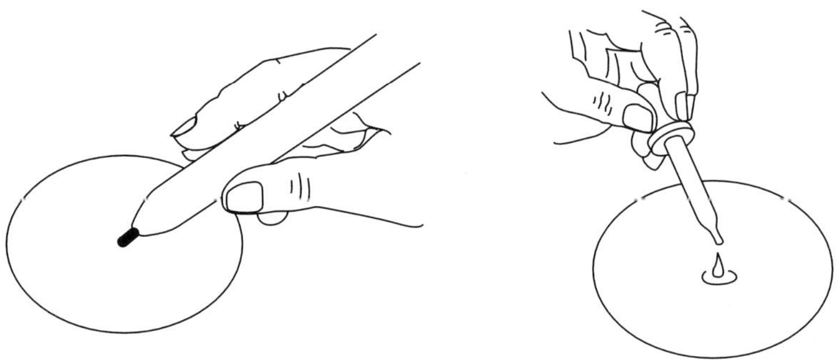

*Alternative:* Testtafeln zur Überprüfung des Farbsehens sind in einer Reihe von Schulbüchern zu finden und können anstelle des Experiments eingesetzt werden.

**Aufgaben:**

a) Führe den Versuch durch und protokolliere Deine Beobachtungen!
b) Deute Deine Beobachtungen!

| I./M 11 | Zusammensetzung von weißem Licht | EXPERIMENT |
|---|---|---|

**Arbeitsmaterial:**

**Versuchsprotokoll**

*Thema:* Dispersion des Lichts

*Material:*
- Reuterlampe mit Spannungsquelle
- optische Bank mit Ständern und 5 Reitern
- verstellbarer Spalt mit Halterung
- Sammellinse ( f = +20 cm) mit Halterung
- Prismentisch mit Prisma
- Schirm
- Zylinderlinse ( f = +15 cm)

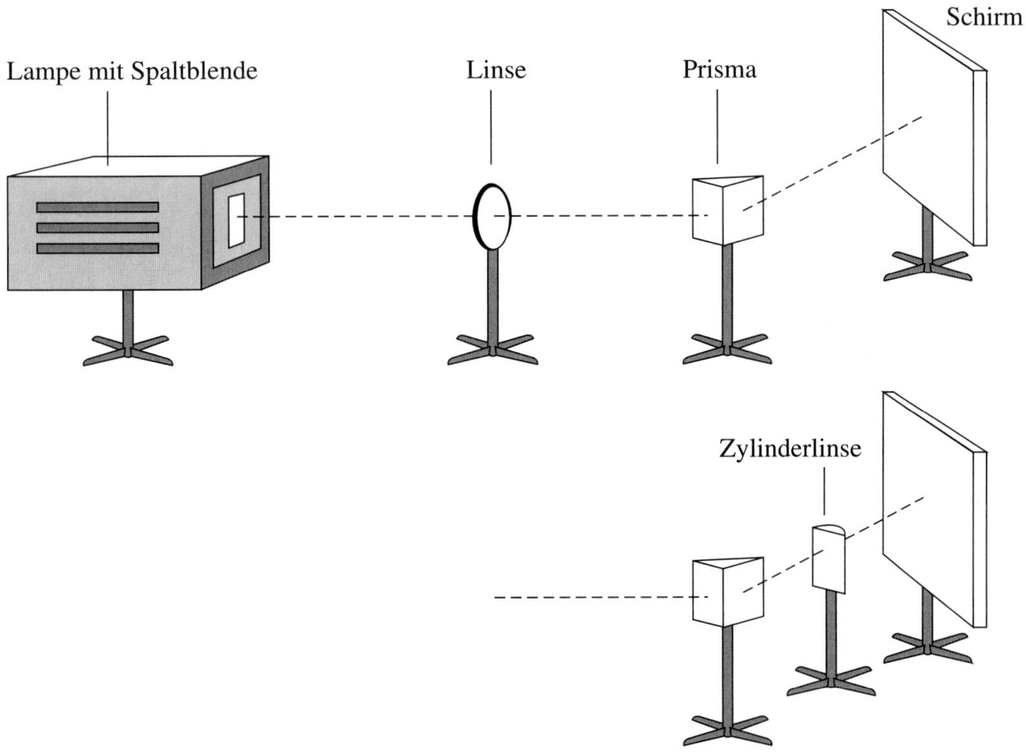


*Durchführung:*

a) Die Teile werden wie auf der Skizze ersichtlich angeordnet und so justiert, daß der Spalt auf dem Prisma scharf abgebildet wird. Der Schirm wird so aufgestellt bzw. das Prisma so gedreht, daß das Spektrum auf den Schirm abgebildet wird.

b) Zwischen Prisma und Schirm wird eine Zylinderlinse so aufgestellt, daß auf dem Schirm ein weißer Balken erscheint.

**Aufgaben:**

a) Protokolliere Deine Beobachtungen!

b) Sage, wie das weiße Licht zusammengesetzt ist!

c) Was kannst Du aus dem Versuchsteil b) über das Entstehen von Farbempfindungen im Gehirn folgern?

| I./M 12 | Additive Farbmischung – trichromatische Theorie | EXPERIMENT |
|---|---|---|

**Arbeitsmaterial:**

**Versuchsprotokoll**

*Thema:* Additive Farbmischung

*Material:* Farbmischungsgerät, z. B. das der Fa. PHYWE

alternativ:
- Dreifachlinse
- Dia mit Farbfiltern Rot, Grün und Blau
- Diaprojektor
- Stativmaterial

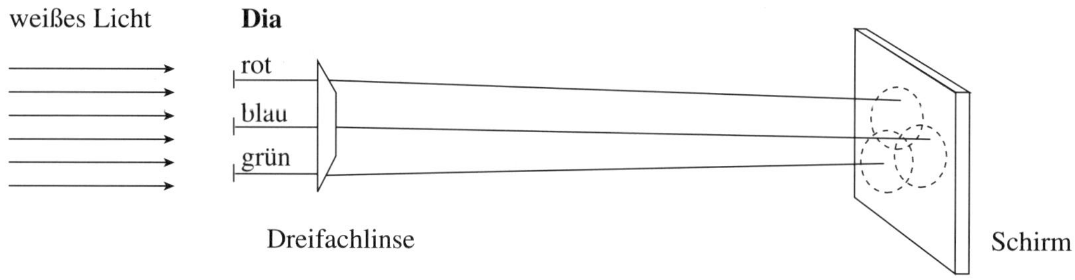


*Durchführung:*
Das Dia mit den Farbfiltern wird in den Projektor geschoben. Mit Hilfe des Stativmaterials wird die Dreifachlinse vor das Objektiv des Projektors gebracht.

***Anmerkung:*** *Ein Farbmischungsgerät (z. B. Fa. PHYWE) ist für den Einsatz im Unterricht der Sekundarstufe I besonders geeignet. Es besteht aus drei voneinander unabhängigen Lichtquellen hoher Leuchtdichte. Die Dreifachleuchte kann so justiert werden , daß ihre Projektionsbilder völlig getrennt sind oder sich teilweise bzw. völlig überlappen. Dazu gehören sechs verschiedene Farbfilter, die eine Vielzahl von Möglichkeiten der additiven (und auch der subtraktiven) Farbmischung zulassen. Die Anschaffung dieses Gerätes dürfte jedoch aus Kostengründen nicht allen Schulen möglich sein. Der oben dargestellte Versuchsaufbau beschränkt sich auf einfache Mittel, die die additive Farbmischung nur begrenzt ermöglichen, das Prinzip jedoch ebenfalls deutlich werden lassen.*

**Aufgaben:**

a) Protokolliere detailliert, welche Farbwahrnehmung Du bei der Mischung bestimmter Lichtqualitäten beobachten kannst!

b) Leite aus Deinen Beobachtungen ab, aus welchen Lichtqualitäten sich durch additive Farbmischung alle anderen erzeugen lassen!

| I./M 13 | Räumliches Sehen | EXPERIMENT |
|---|---|---|

**Arbeitsmaterial:**

**Versuchsprotokoll**

*Thema:* Räumliches Sehen

*Material:*
- Stift
- Buch
- Text (Heft, Buch)

*Durchführung:*
1. Man hält einen Stift senkrecht eine Armlänge entfernt vor die Augen. Ein Auge wird geschlossen. Man versucht, mit dem Zeigefinger von der Seite kommend, auf die Spitze des Stiftes zu stoßen.
2. Man hält den senkrecht gestellten Daumen eine Armlänge vor sich hin und schließt abwechselnd das rechte und das linke Auge.

   *Alternative:* Stelle ein aufgeschlagenes Buch so vor Dich hin, daß der Buchrücken Dir zugewandt ist. Betrachte das Buch einige Sekunden lang mit beiden Augen. Schließe dann zuerst das rechte und danach das linke Auge. Beschreibe Deine Wahrnehmung!
3. Halte beim Lesen eines Textes einen Finger direkt vor die Nase und lies weiter! Wie nimmst Du den Finger wahr! Sieh dann den Finger an, und beschreibe wiederum Deine Wahrnehmung!

**Aufgaben:**

a) Führe die drei Experimente durch und protokolliere Deine Beobachtungen!
b) Deute Deine Beobachtungen!
   Fertige zur Veranschaulichung Deiner Deutungen entsprechende Skizzen an!
c) Vergleiche Deine Beobachtungen mit den folgenden Abbildungen!

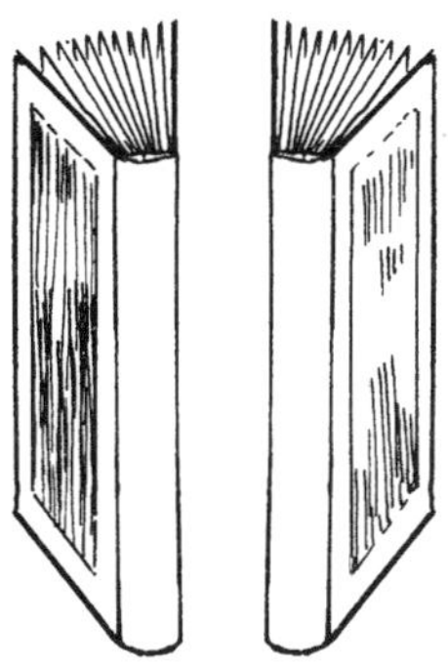

A B

Bild eines Buchrückens bei Benutzung allein des linken Auges (A) oder nur des rechten Auges (B).

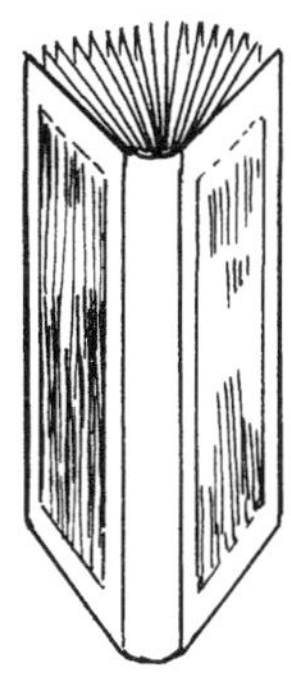

Bild eines Buchrückens bei Benutzung beider Augen.

| I./M 14 | Räumliches Sehen und Schielen | Materialgebundene AUFGABE |
|---|---|---|

**Arbeitsmaterial:**

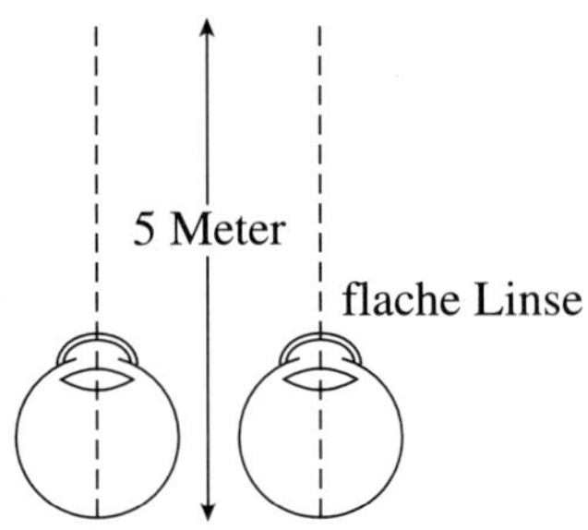


Beim Sehen in die Ferne sind die Blicklinien parallel

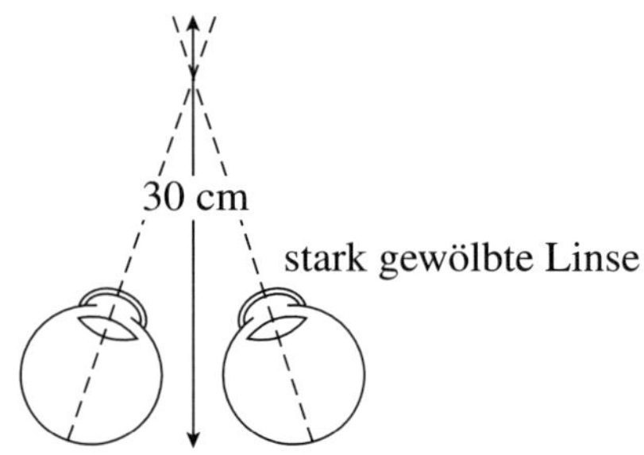


Beim Nahsehen überkreuzen sich die Blicklinien im fixierten Gegenstand

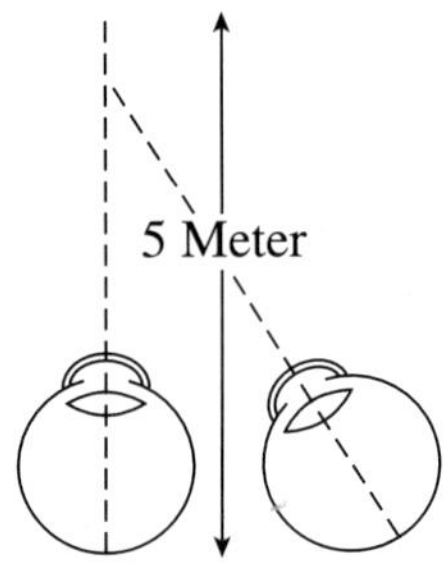


Einwärtsschielen rechts

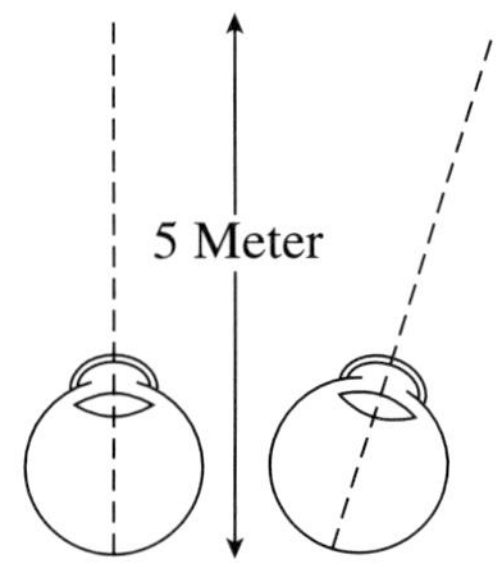


Auswärtsschielen rechts

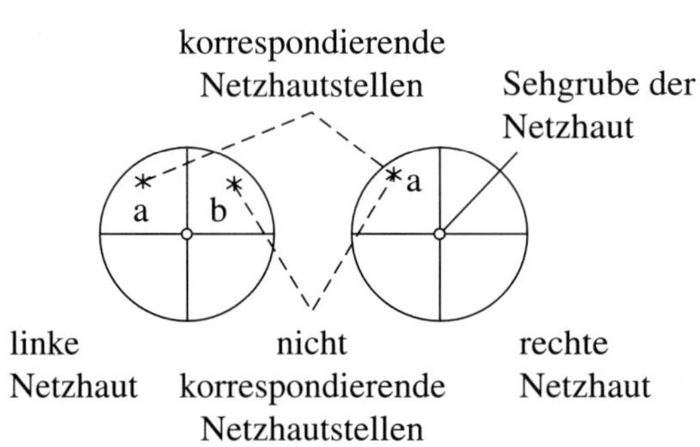


**Aufgaben:**

Es gibt Menschen, bei denen die beiden Augenachsen stark voneinander abweichen (Schielen).

a) Untersuche mit Hilfe der Abbildungen, wie Gegenstände dadurch wahrgenommen werden!

b) Fertige zur Veranschaulichung entsprechende Skizzen an!

| I./M 15 | Ablauf der Wahrnehmung | Materialgebundene AUFGABE |
|---|---|---|

**Arbeitsmaterial:**

„Das habe ich nicht gesehen!“
Nehmen wir einmal den folgenden Fall:
Ein Kraftfahrer nähert sich an einem regnerischen Nachmittag auf einer nicht vorfahrtsberechtigten Straße einer nicht besonders übersichtlichen Kreuzung und will dort links abbiegen. Er ordnet sich rechtzeitig links ein, betätigt den Fahrtrichtungsanzeiger, schaut nach beiden Richtungen in die vorfahrtsberechtigte andere Straße und beschleunigt ein wenig, als er nach links in diese Straße einbiegt. Plötzlich quietschen Bremsen, ein lauter Knall. Ein Mofafahrer ist dem Auto in die Seite gefahren. Zum Glück ist ihm nichts passiert, aber das Mofa ist stark demoliert. Wie war so etwas möglich?
Der Mofafahrer fragt vorwurfsvoll: „Haben Sie mich denn nicht gesehen?“ Der schuldige Fahrer bekennt: „Ich habe doch in die Straße in beiden Richtungen hineingesehen und bin doch ganz vorsichtig gefahren; plötzlich waren Sie da!“

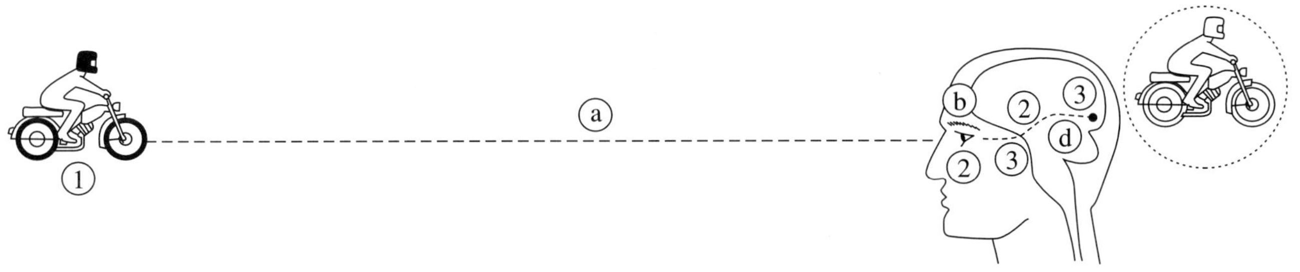


Quelle: *Rainer Schwarz*: Das habe ich nicht gesehen, Lehrerbriefe Verkehrserziehung B 179, Rot-Gelb-Grün-Lehrmittel, Braunschweig, 1984

**Aufgaben:**

a) Finde Gründe dafür, daß der Autofahrer den Mofafahrer nicht gesehen hat, obwohl er doch nach links und rechts in die andere Straße hineingesehen hatte!

b) Ordne den Ziffern 1 - 4 und den Buchstaben a - d der Abbildung die entsprechenden Strukturen des Nervensystems bzw. die Vorgänge im Nervensystem zu!

1. ______________________ a) ______________________

2. ______________________ b) ______________________

3. ______________________ c) ______________________

4. ______________________ d) ______________________

c) Erläutere die dargestellten Zusammenhänge!

| I./M 16 | Modellversuch zu Kurz- und Weitsichtigkeit | EXPERIMENT |
|---|---|---|

**Arbeitsmaterial:**

**Versuchsprotokoll**

*Thema:* Ursachen, Symptome und Korrektur von Kurz- und Weitsichtigkeit

*Material:*
- Reuterlampe mit Spannungsquelle
- optische Bank mit Ständern und 5 Reitern
- Pfeilblende
- Sammellinse (f = +10 cm, f = +30 cm) mit Halterung
- Zerstreuungslinse (f = -20 cm) mit Halterung
- Schirm

alternativ zu Reuterlampe und Pfeilblende:
- brennende Kerze

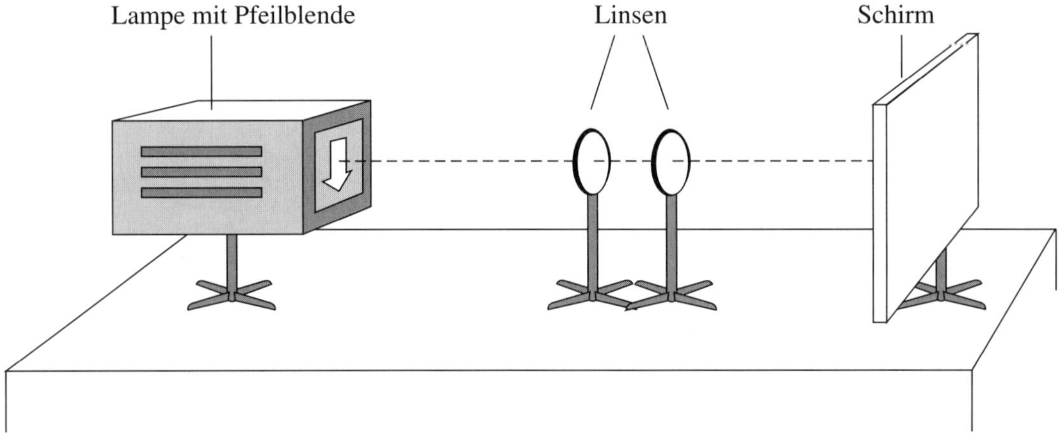


*Durchführung:*
Auf der optischen Bank befestigt man, wie in der Abbildung gezeigt, Reuterlampe mit Pfeilblende, Linse und Schirm; Brennweite der Linse f = +10 cm, Abstand zwischen Linse und Schirm b = 17,5 cm.
Das Modell des kurzsichtigen Auges wird durch folgende Anordnung dargestellt:
Ist der Gegenstand in ca. 50 cm Entfernung von der Linse angeordnet, so erhält man ein unscharfes Bild des Pfeils auf dem Schirm. Eine scharfe Abbildung des Pfeils kann erreicht werden, indem man als „Brille“ 11 cm vor die „Augen“linse eine Zerstreuungslinse, f = -20 cm, bringt.
Das Modell des weitsichtigen Auges wird durch folgende Anordnung dargestellt:
Ist der Gegenstand in ca. 50 cm Entfernung von der Linse angeordnet, so erhält man ein unscharfes Bild des Pfeils auf dem Schirm. Eine scharfe Abbildung des Pfeils kann erreicht werden, indem man als „Brille“ 11 cm vor die „Augen“linse eine Sammellinse, f = +30 cm, bringt.

**Aufgaben:**

a) Protokolliere Deine Beobachtungen und deute sie!
b) Übertrage Beobachtungen und Deutung auf die Verhältnisse bei Kurz- und Weitsichtigkeit!

| I./M 17 | Kurz- und Weitsichtigkeit | Materialgebundene AUFGABE |
|---|---|---|

**Arbeitsmaterial:**

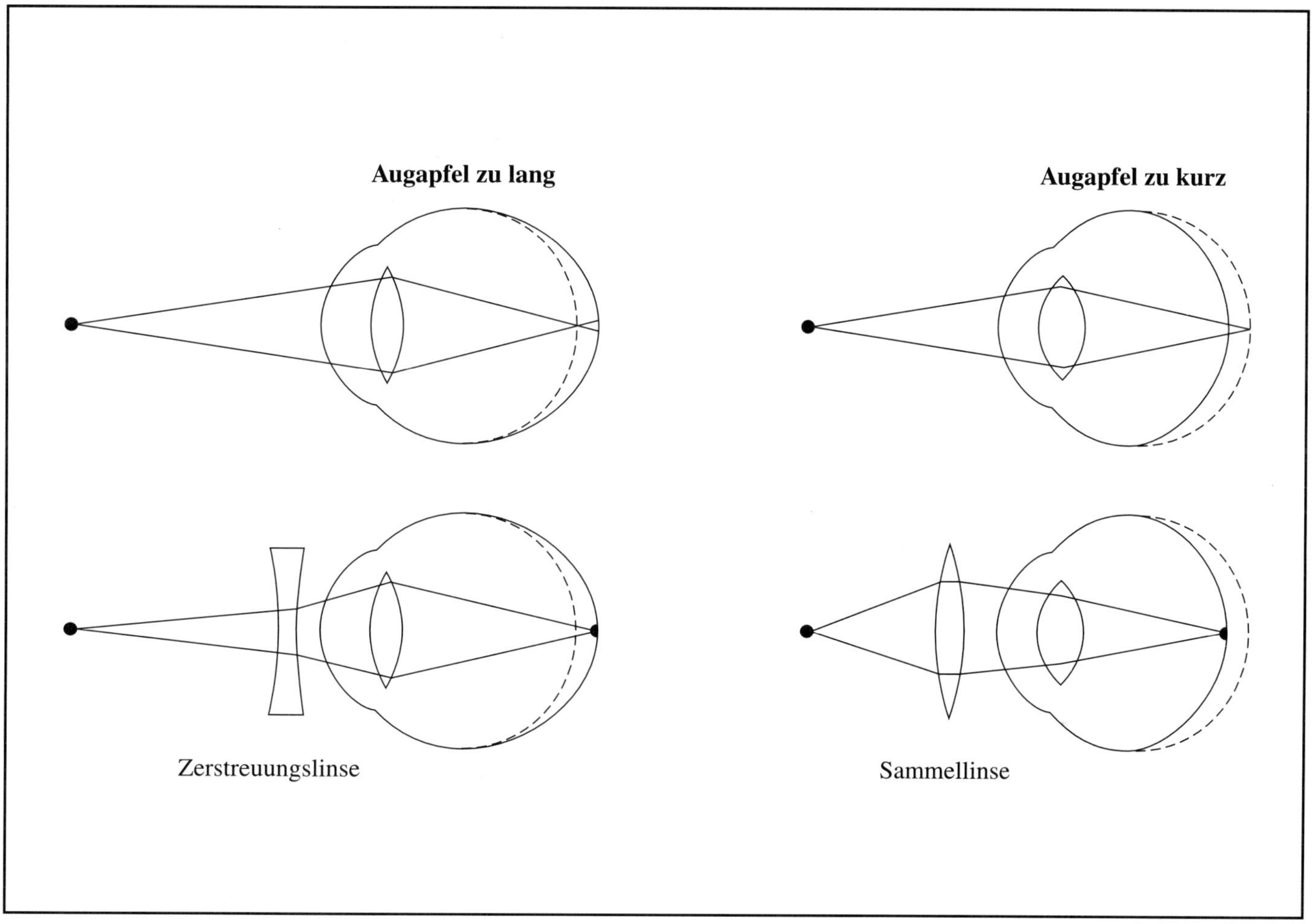


**Aufgaben:**

a) Erläutere anhand der beiden Abbildungen Ursachen, Symptome und Korrektur von Kurz- und Weitsichtigkeit!

b) Mit zunehmendem Alter verliert die Augenlinse ihre Elastizität, d.h. sie verliert ihre Fähigkeit, sich stärker zu wölben!
Welche Auswirkungen ergeben sich daraus bezüglich der Funktion des Auges? Welcher Brillentyp muß bei der Alterssichtigkeit eingesetzt werden?

| I./M 18 | Eine blinde Frau im Straßenverkehr | Materialgebundene AUFGABE |
|---|---|---|

**Arbeitsmaterial:**

7 Uhr. Ich muß zum Dienst, den Bus um 7.12 Uhr erreichen. In der linken Hand habe ich meine Tasche mit der Tagesverpflegung, in der rechten meinen weißen Langstock.
Ich muß die Straße überqueren, der Bus hält auf der anderen Seite. Maschinengeräusch von links, wo ein Haus gebaut wird. Eine Kreissäge oder so etwas, sehr laut, nervig. Von rechts kommt ein Auto, es hat an der Bundesstraßenabfahrt – ich wohne ganz am Ortsrand – Vollgas gegeben und soeben in den vierten Gang geschaltet, fährt also mindestens 80, habe ich mir einmal sagen lassen. Hier hat sich noch niemals jemand um die Einhaltung der Geschwindigkeitsbegrenzung gekümmert. Heute morgen ist das gut. Das Auto ist lauter als die Baumaschinen.
Ich gehe jetzt auf dem Bürgersteig rechts in Richtung Zentrum. Er ist mittig geteilt, für Radfahrer und Fußgänger. Die Teilung erfolgt durch eine etwa 5 cm starke Betonplatte, die mal 5 cm, mal gar nicht aus dem Asphalt herausragt. Mein Bereich wird schmaler durch vorspringende Vorgärten, dann noch schmaler durch überhängenden Tannenbewuchs aus den Gärten. Die unteren Äste ragen mehr als einen Meter in den Gehwegbereich hinein. Die Stelle kenne ich, also kein Problem. Ich muß auf den Radweg ausweichen. Es zischt plötzlich neben mir. Ich reagiere instinktiv mit einer Bewegung nach rechts. Der Radfahrer ist vorbei, sehr schnell vorbei. Diese Rennräder haben nichts, nicht einmal eine Klingel, habe ich mir ebenfalls sagen lassen.
Jetzt kommt eines der Reklameschilder, die allerorts mitten auf Bürgersteigen und auch noch quer dazu aufgestellt wurden. Sollen gut aussehen, braune Alueinfassung und Plakate hinter Glas. Rechtsherum geht es nicht, die Hecke hat sich zu breit gemacht. Also links herum und wieder über den Radweg. Plonk, signalisiert mein Stock. Ein geparktes Auto. Seitwärts geht es ganz gut, das Auto ist sauber, stelle ich mit dem Handballen fest. Mein Mantel bleibt es also auch ...
... Ich bin angekommen. Es ist 7.29 Uhr. Vermißt habe ich das Umleitungsschild mit seiner Spitze in Kopfhöhe. Zumindest habe ich den Pfahl nicht gefunden. Vermißt habe ich auch meine spezielle Freundin mit dem Fiffi und der überlangen Leine, in der ich mich schon häufig mit dem Stock verfangen habe. Ich hoffe, Hund und Frauchen sind wohlauf. Ansonsten ein ganz normaler Tagesbeginn.

**Aufgaben:**

a) Bei den Punkten vor dem letzten Absatz wurde der Bericht der blinden Frau unterbrochen.
Ergänze diesen Bericht, indem Du Dir überlegst, was die Frau auf Deinem Schulweg erleben könnte. Denke an Glascontainer, Baustellen, das Verhalten des Busfahrers und der anderen Fahrgäste, ... Schreibe in der Ich-Form!
b) Schreibe auf, welche Hilfsmittel blinden Menschen für ihre Orientierung zur Verfügung stehen!

| I./M 19 | Lesen von Blindenschrift | EXPERIMENT |
|---|---|---|

**Arbeitsmaterial:**

**Versuchsprotokoll**

*Thema:* Lesen von Blindenschrift

*Material:*
- Wort/Zahl/Text in Blindenschrift
- Alphabet in Blindenschrift

## Die Blindenschrift

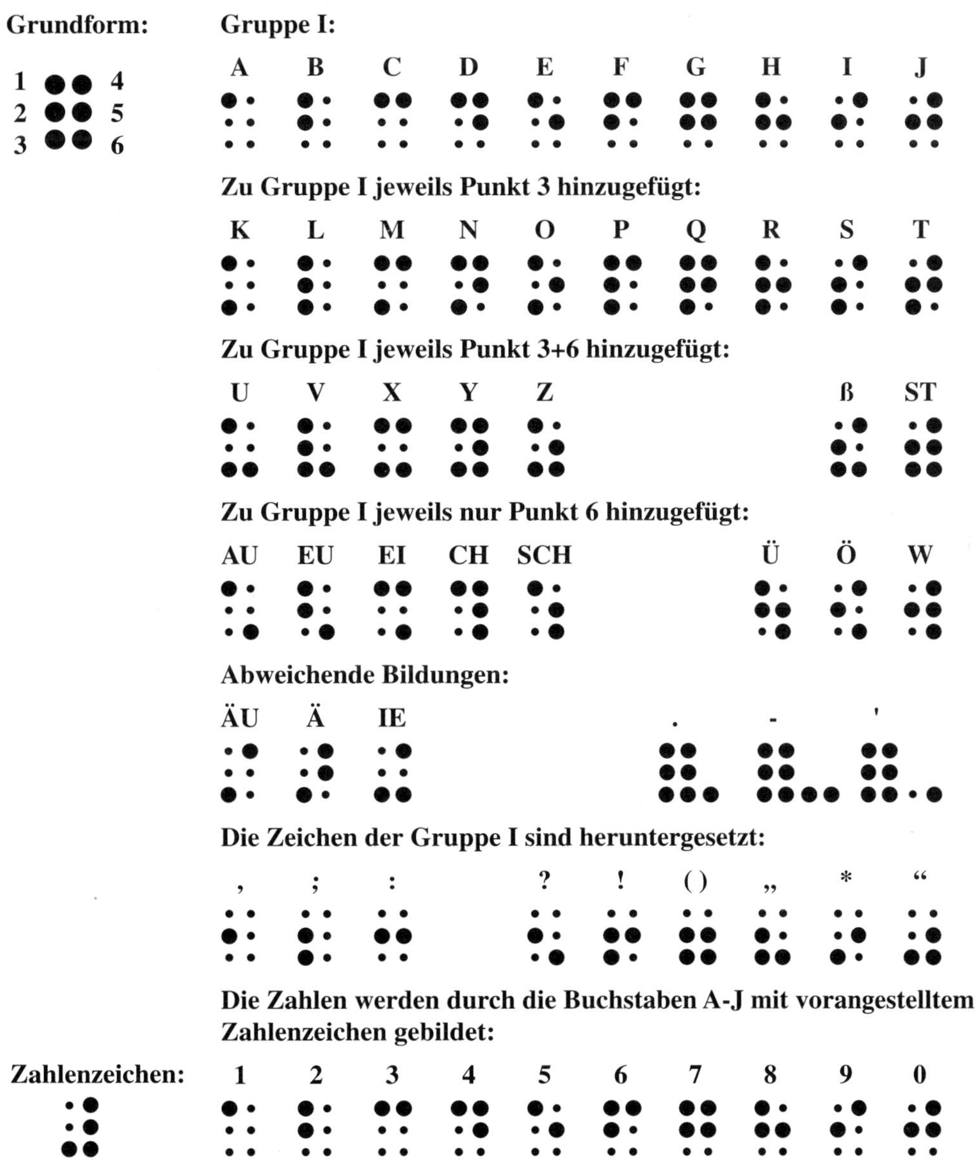


**Aufgabe:**

Die Abbildung „Die Blindenschrift“ zeigt Euch, in welcher Weise das Alphabet, Ziffern und Satzzeichen in Blindenschrift verschlüsselt sind. Stecht mit einer spitzen Schere von der Rückseite des Blattes die dicken Punkte ein! Versucht den Text in Blindenschrift zu „lesen“, indem Ihr die einzelnen Buchstaben mit den Fingerspitzen ertastet und nicht die Augen zur Hilfe nehmt!

### I.2.3 Lösungshinweise zu den Aufgaben der Materialien

**I./M 1**

Normalsichtige Schüler sollten die Zeilen 1 bis 6 problemlos lesen können. Brillenträger können – je nach Sehschärfe – ohne Brille nur den größer geschriebenen Text lesen. Mit Brille sollten ihre Augen das gleiche leisten wie die Augen der normalsichtigen Schüler.

Anmerkung: *Der Text der Lesetafel soll gleichzeitig darauf aufmerksam machen, daß etwa ein Drittel der Menschen mangelndes Sehvermögen aufweist – Anlaß dafür, seine Augen regelmäßig untersuchen zu lassen.*

**I./M 2**

Der Text stellt heraus, daß viele Menschen die Sehleistung ihrer Augen nicht regelmäßig untersuchen lassen. Dies gilt auch für einen erheblichen Anteil der Kraftfahrer, für die das uneingeschränkte Sehvermögen lebensnotwendig ist. Konkrete Angaben betreffen das Dämmerungssehen, die Blendempfindlichkeit und Nachtkurzsichtigkeit.

**I./M 4**

1. Ziliarmuskel
2. Hornhaut
3. Bindehaut
4. Pupille
5. Kammerwasser
6. Iris
7. Aderhaut
8. Linsenbänder
9. Linse
10. Glaskörper
11. Lederhaut
12. Sehnerv
13. gelber Fleck
14. Netzhaut

**I./M 5**

Beobachtung:
Verändert man den Abstand zwischen Abbildung und Auge, so findet man einen bestimmten Abstand,
1. bei dem der Igel nicht mehr gesehen wird;
2. bei dem die Kreisfläche nicht mehr gesehen wird; der Balken erscheint zusammenhängend.

Deutung:
Am blinden Fleck, d.h. an der Stelle der Netzhaut, an der der Sehnerv austritt, befinden sich keine Lichtrezeptoren.
1. Wird der Igel auf diesen Bereich der Netzhaut abgebildet, kann er nicht wahrgenommen werden. Man nimmt die Farbe des Hintergrundes wahr.
2. Das gleiche gilt für die Kreisfläche. Die Wahrnehmungslücke wird im visuellen System durch ein „Balkenstück" gefüllt.

Das Auffüllen der Wahrnehmungslücke am blinden Fleck bezeichnet man als Ergänzen.

Zeichnung:

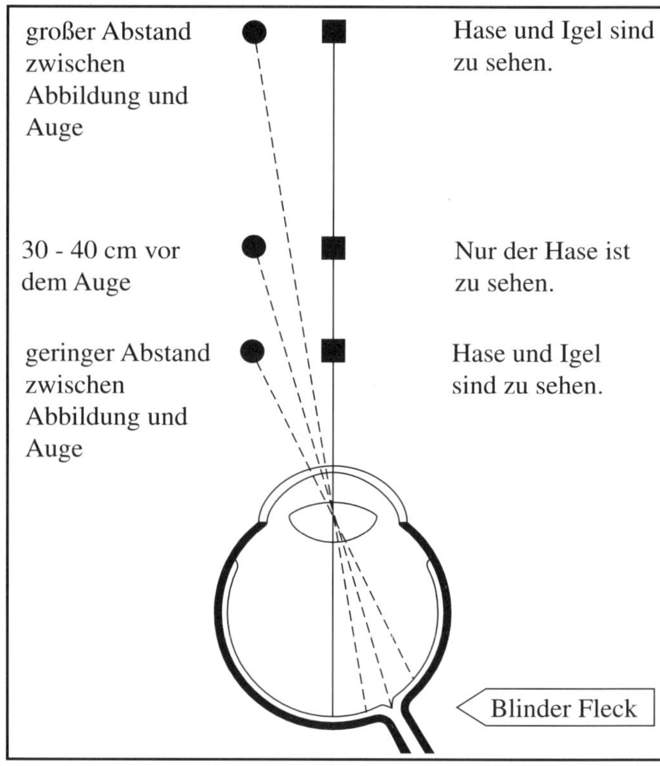


**I./M 6**

Mit Hilfe einer Zerstreuungslinse gelingt es nicht, das Bild des Gegenstandes auf dem Schirm abzubilden.
Bei der Verwendung einer Sammellinse entsteht in einem bestimmten Abstand zwischen Gegenstand und Linse ein scharfes Bild des Gegenstandes, das umgekehrt, seitenverkehrt und verkleinert ist.
Die Lampe mit Pfeilblende steht für einen Gegenstand, die Sammellinse symbolisiert die Augenlinse, der Schirm die Netzhaut. Der Abstand zwischen Linse und Schirm darf im Versuch nicht verändert werden, da auch die Länge der Augapfels, d.h. die Bildweite konstant ist.
Zeichnung:

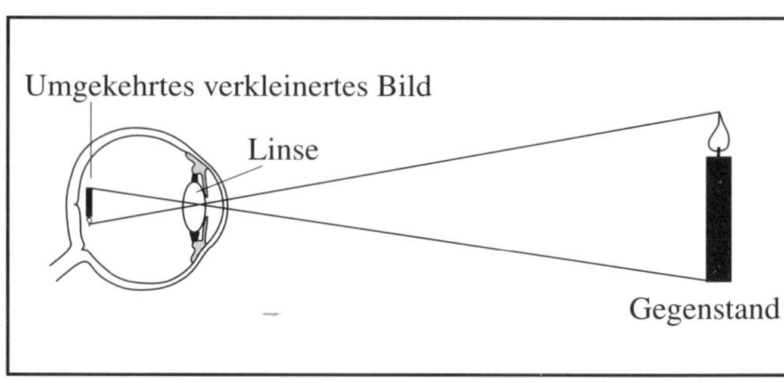


**I./M 7; I./M 8**

Um verschieden weit entfernte Gegenstände scharf auf der Netzhaut abzubilden, muß die Brennweite der Augenlinse der Gegenstandsweite angepaßt werden. (Akkommodation). Bei der Betrachtung entfernt liegen-

der Gegenstände muß die Augenlinse eine größere Brennweite aufweisen (weniger stark gewölbt sein) als bei Betrachtung naher Gegenstände.
Die Anpassung der Brennweite der Augenlinse an die Gegenstandsweite geschieht durch eine Formveränderung der Augenlinse: sie verändert ihren Krümmungsradius.
Die Augenlinse ist durch die Linsenbänder am ringförmigen Ziliarmuskel aufgehängt. Dieser ist mit der Aderhaut verbunden. Durch den Innendruck des Auges wird die Aderhaut gespannt. Dabei wird der Ziliarmuskel gedehnt. Durch den Zug der Linsenbänder wird die Linse abgeflacht; sie hat eine geringe Brechkraft. Weit entfernte Objekte werden scharf auf der Netzhaut abgebildet; nahe Gegenstände erscheinen dagegen unscharf (Fernakkommodation).
Bei der Nahakkommodation zieht sich der Ziliarmuskel zusammen, die Linsenbänder lockern den Zug an der Linse. Die Wölbung der Linse nimmt zu; ihre Brechkraft wird erhöht. Nahe Gegenstände werden scharf auf der Netzhaut abgebildet; weiter entfernte Objekte sind nur unscharf zu erkennen.

**I./M 9**

Beobachtung:
Am äußeren Rand des Gesichtsfeldes erscheint der Gegenstand als grauer unscharfer Fleck. Die jeweilige Farbe des Gegenstandes kann – von 90° her betrachtet – in der Reihenfolge blau – rot – grün – korrekt zugeordnet werden. Die Form des Gegenstandes wird erst in unmittelbarer Nähe des Zentrums des Gesichtsfeldes eindeutig identifiziert.

Deutung:
An der Netzhautperipherie ist nur eine Unterscheidung von Grautönen möglich, da dort fast ausschließlich Stäbchen ( farbuntüchtig) zu finden sind. Im Zentrum der Netzhaut werden auch Farben erkannt, da die Dichte der Zapfen zum gelben Fleck hin zunimmt.
Verteilung von Zapfen und Stäbchen in der Netzhaut:

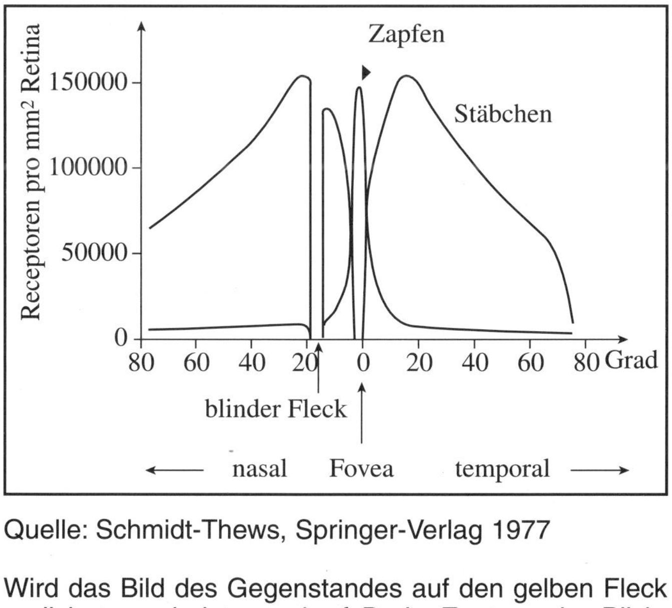


Quelle: Schmidt-Thews, Springer-Verlag 1977

Wird das Bild des Gegenstandes auf den gelben Fleck projiziert, erscheint es scharf. Da im Zentrum des Blickfeldes die Lichtrezeptoren sehr dicht stehen, entstehen viele Bildpunkte, d. h. eine sehr feine Rasterung. In der Netzhautperipherie ist das Raster gröber, da die Lichtrezeptoren dort weiter auseinanderstehen.

**I./M 10**

Beobachtung:
Ringförmig von der Mitte des Filterpapiers ausgehend bilden sich verschiedene Farbzonen.

Deutung:
Die schwarze Filzstiftfarbe ist ein Farbstoffgemisch. Die Auftrennung kommt dadurch zustande, daß die einzelnen Farbstoffmoleküle an den Papierfasern unterschiedlich fest haften. Die Farbstoffmoleküle mit der geringsten Haftfestigkeit werden vom Fließmittel am weitesten vom Ausgangspunkt wegtranportiert (Papierchromatographie).

**I./M 11**

Beobachtung:
Das Lichtbündel weißen Lichts wird in die Spektralfarben zerlegt. Durch eine Zylinderlinse lassen sich die Spektralfarben wieder zum Eindruck „Weiß" zusammenfügen.

Deutung:
Das von uns als weiß („unbunt") empfundene Licht ist ein Gemisch aus Licht unterschiedlicher Wellenlänge. Wird ein Netzhautbereich von Licht aller Wellenlängen getroffen, ergibt sich der Sinneseindruck „unbunt". Werden verschiedene Netzhautbereiche von Licht verschiedener Wellenlänge getroffen, entsteht der Sinneseindruck „bunt".

mögliches Tafelbild:

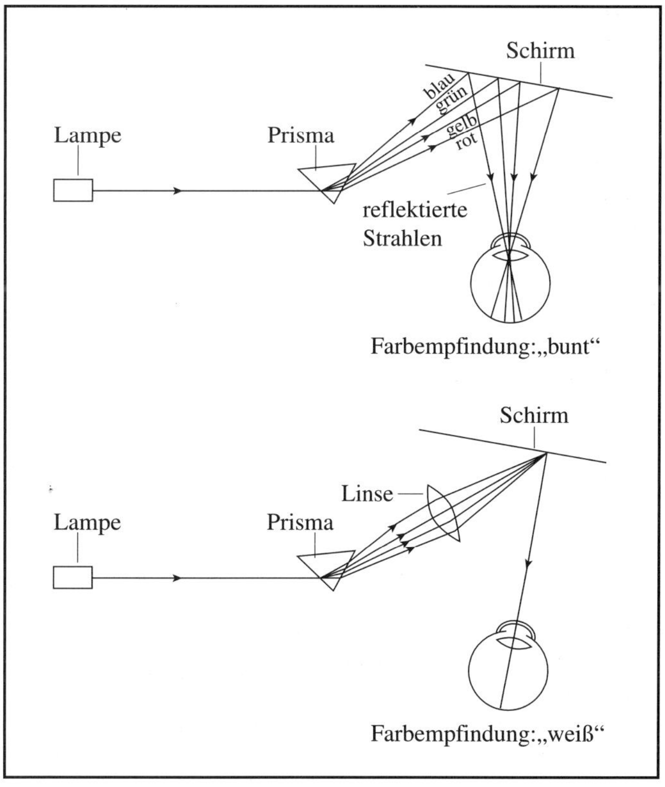

**I./M 12**

Beobachtung:

| Lichtqualitäten: | Farbempfindungen: |
|---|---|
| Rot + Grün | Gelb |
| Grün + Blauviolett | Blaugrün |
| Rot + Blauviolett | Purpur |
| Rot + Grün + Blauviolett | Weiß |

Weitere Farben ergeben sich bei unterschiedlichen Intensitäten der einzelnen Lichtqualitäten.

Deutung:
Aus den Lichtqualitäten Rot, Grün und Blauviolett lassen sich fast alle Farbempfindungen additiv erzeugen. Die trichromatische Theorie des Farbensehens postuliert drei Zapfentypen, die ihr Absorptionsmaximum bei Licht unterschiedlicher Wellenlänge haben:

rotempfindliche Zapfen:
Absorptionsmaximum bei 570 nm

grünempfindliche Zapfen:
Absorptionsmaximum bei 535 nm

blauviolettempfindliche Zapfen:
Absorptionsmaximum bei 455 nm.

Wird nur ein Zapfentyp gereizt, wird der zugehörige Farbeindruck wahrgenommen. Werden zwei Zapfentypen gleichzeitig gereizt, wird die Mischfarbe wahrgenommen. Werden alle drei Zapfentypen gleich stark gereizt, empfinden wir den Eindruck „Weiß". Gegenstände, die kein Licht reflektieren, sehen wir schwarz.

**I./M 13; I./M 14**

Beobachtung:
1. Bei einäugigem Sehen mißlingt es i.a., die Bleistiftspitze zu treffen.
2. Der Finger springt gegen den Hintergrund hin und her.

Alternative:
Ist das rechte Auge geschlossen, sieht man das Buch etwas weiter von links; ist das linke Auge geschlossen, sieht man es etwas weiter von rechts.

3. Beim Lesen des Textes erscheint der Finger doppelt. Wird der Finger angesehen, sieht man den Finger einfach, dafür aber die weiter entfernten Buchstaben doppelt.

Deutung:
1./2. Bei beidäugigem Sehen erhöht sich im Vergleich zu einäugigem Sehen der räumliche Tiefeneindruck. Voraussetzung dafür ist, daß die Abbildung der Umwelt auf der Netzhaut jeden Auges etwas unterschiedlich ist.
3. Beim Blick in die Nähe konvergieren die Sehachsen, d. h. die Augen bewegen sich spiegelbildlich (vgl. I./M16). Der Gegenstand befindet sich im Schnittpunkt der Sehachsen. Sein Bild entsteht in beiden Augen im gelben Fleck. Die Entfernung des Gegenstandes von den Augen ergibt sich aus dem Konvergenzwinkel, d. h. aus dem Winkel, den die Sehachsen einschließen.

Gegenstände in anderer Entfernung von den Augen werden auf einander nicht entsprechende Netzhautstellen abgebildet. Sie werden doppelt wahrgenommen.

Abb.:

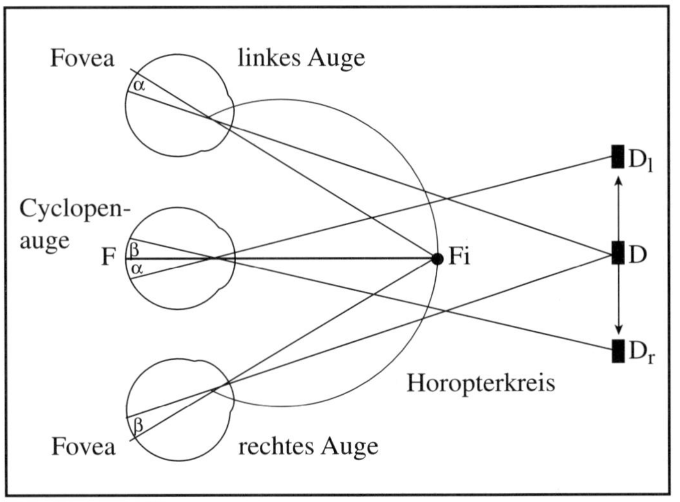


Quelle: *Schmidt/Thews* Physiologie des Menschen, Springer-Verlag

Anmerkung: *Die Abbildung zu Versuch 2 (Alternative) bzw. Aufgabe c) zeigt das Prinzip des räumlichen Sehens am Beispiel des aufgeschlagenen Buches. Eine entsprechende Darstellung kann für den „springenden" Daumen entwickelt werden.*

**I./M 15**

Zu erwartende Schülerbeiträge:
- eingeschränkte Wahrnehmung durch Sichthindernisse
- Sehfehler des Fahrers
- Übermüdung
- Abgelenktheit
- schlechteWitterung/Sichtverhältnisse
- schlechte Sichtbarkeit des Mofafahrers (dunkle Kleidung)

Anmerkung: *Richtige Wahrnehmung ist die entscheidende Voraussetzung für verkehrsgerechtes Verhalten. Dabei ist nicht allein die Leistungsfähigkeit des Auges (Sehschärfe, Tiefensehen, Farbrichtigkeit, Gesichtsfeld) von Bedeutung, sondern der gesamte Ablauf des Wahrnehmungsvorgangs (Reiz, Reaktion, Aufmerksamkeitsverteilung, Selektionsprozeß).*

| | |
|---|---|
| 1. Gegenstand | a) Reiz |
| 2. Sinnesorgan | b) Reizaufnahme |
| 3. Nervensystem | c) Erregungsleitung |
| 4. Gehirn | d) Wahrnehmung |

**I./M 16; I./M 17**

Bei kurzsichtigen Menschen ist der Augapfel zu lang. Das Bild eines entfernten Gegenstandes liegt im Raum vor der Netzhaut und ist daher auf der Netzhaut unscharf. Durch das Vorsetzen einer Zerstreuungslinse wird die Brennweite der Augenlinse entsprechend vergrößert; es wird ein scharfes Bild auf der Netzhaut erzeugt.

Bei weitsichtigen Menschen ist der Augapfel zu kurz. Daher liegt das Bild des beobachteten Gegenstandes im Raum hinter der Netzhaut und ist daher auf der Netzhaut unscharf. Durch das Vorsetzen einer Sammellinse wird die Brennweite der Augenlinse entsprechend verkleinert; es wird ein scharfes Bild auf der Netzhaut erzeugt.
Mit zunehmendem Alter läßt die Elastizität der Augenlinse nach. Das Bild eines nahen Gegenstandes liegt im Raum hinter der Netzhaut, da die Lichtstrahlen nicht mehr so stark gebrochen werden können und ist daher auf der Netzhaut unscharf. Durch das Vorsetzen einer Sammellinse wird die Brennweite der Augenlinse entsprechend verkleinert.

**I./M 18**

Der Text beschreibt, wie sich eine blinde Frau im Straßenverkehr an Geräuschen, mit dem Stock ertastbaren Markierungen, Hindernissen und verbalen Informationen orientiert. Dies ist ihr durch die besondere Leistungsfähigkeit der zugehörigen Sinne möglich. Als Hilfsmittel werden der Blindenstock und akustische Ampelsignale (die die Frau vermißt) genannt. Es wird deutlich, welche Bedeutung in der Erfahrung liegt und welche Verunsicherung sich aus unregelmäßig auftretenden bzw. unerwarteten Ereignissen ergibt.
Es wird im Unterricht keine Probleme bereiten, Schwierigkeiten von Blinden, die über den Straßenverkehr hinausgehen, aufzuzeigen.
Viele Hilfsmittel, die den Blinden zur Verfügung stehen und die der Sehende meist nicht kennt, werden in den unter I.3.4 angegebenen Broschüren genannt (hier nur eine Auswahl): Küchengeräte mit Blindenschrift, spezielle Nähnadeln und Nadeleinfädler, Zentimetermaß/Zollstock mit ertastbaren Markierungen, Sortierbox für Münzen, Geldscheinschablone, „sprechende“ Personenwaage, Uhren mit ertastbaren Markierungen auf dem Zifferblatt, „gezinkte“ Spielkarten.

## I.3 Medieninformation

### I.3.1 Audiovisuelle Medien

**FWU-Diareihe 10 00397:** Sinnesorgane, 8 B, f

Annotation: *Die Diareihe hat einführenden Charakter. Sie berücksichtigt in ihrer Darstellung Auge, Ohr, Nase und Zunge.*

**FWU-Diareihe 10 00404:** Nerven und Sinnesorgane, 13 B, f

Annotation: *In Mikroaufnahmen werden die auf Sinneswahrnehmung spezialisierten Zellen des Tast- und Geschmackssinns sowie die funktionell wichtigsten Gewebe des menschlichen Auges und Ohres gezeigt und ihr Zusammenhang mit dem Zentralen Nervensystem verdeutlicht.*

**FWU- Diareihe 10 02150:** Optische Täuschungen, 19 B, sw

Annotation: *In einer umfangreichen Reihe von Dias werden verschiedene Formen der optischen Wahrnehmungstäuschung vorgeführt (Irradition, Inversionstäuschung, perspektivische Täuschung, Kontrastgitter, u. a.). Hinweise auf Ursachen der Täuschungen im Wahrnehmungsapparat sind möglich.*

**FWU-Diareihe 10 02749:** Gut sehen können, 12 B, f

Annotation: *Die Beeinträchtigung durch schlechtes Sehen erfahren Kinder hier an Beispielen einer blinden Frau, die über die Straße gehen will, an einem schielenden Kind und an schlecht sehenden Kindern, die von bestimmten Spielen ausgeschlosssen bleiben.*

**FWU-Diareihe 10 03134:** Das Auge, 12 B, f

Annotation: *Wie funktioniert das „Sehen“? Die Diareihe enthält Bilder, die den Aufbau des Auges, seine Funktion sowie seine Gefährdungen verdeutlichen.*

**FWU-Film 32 03299:** Grenzen der Wahrnehmung, 14 min, f

Annotation: *Der Film zeigt an Beispielen aus dem Alltag Grenzen der menschlichen Wahrnehmung während der Teilnahme am motorisierten Verkehr. Auch nachteilige Einflüsse durch Übermüdung und Alkohol werden erwähnt.*

**FWU-Film 32 03334:** Umfeld der Wahrnehmung, 14 min, f

Annotation: *In graphischen Trickaufnahmen sowie an Beispielen aus dem Alltag und dem Straßenverkehr wird nachgewiesen, daß es Möglichkeiten der Wahrnehmungstäuschung gibt, deren Kenntnis für eine sichere Verkehrsteilnahme wichtig ist.*

**IMBILD-Film 32 41074:** Der Körper des Menschen – Das Auge, 14 min, f

Annotation: *Der Film zeigt mit Hilfe von Modellen, Abbildungen und Realdarstellungen den Bau und die Funktion des Auges. Sehschwächen, natürlicher Schutz und Vorsichtsmaßnahmen am Arbeitsplatz sind weitere Themen.*

**IWF-Film C 877:** Die Akkommodation des Auges, 9,5 min, sw

Annotation: *Der Film zeigt die Änderung optischer Konstanten: Krümmungsänderung der Linse, Hornhaut-Linsen-Bildchen, zeitlicher Ablauf der Akkommodation, Konvergenz- und Pupillenreaktion (Trick- und Realaufnahmen).*

**Klett-Film 36 00256:** Bildentstehung auf der Netzhaut, 4 min, f

Annotation: *Schematisch ist die Anatomie des Auges, der Verlauf des Strahlenganges und die Abbildung eines Gegenstandes auf der Netzhaut dargestellt. Akkommodation und Desakkommodation ist zu beobachten. Der Begriff „Dioptrie“ wird erläutert.*

**Klett-Film 36 00257:** Augenfehler und ihre Korrektur, 5 min, f

Annotation: *Einer Kurzdarstellung der Anatomie des Auges und des histologischen Aufbaus der Netzhaut folgt die Erläuterung der Vorgänge im Sehpurpur bei der Erregung der Stäbchen und des Auflösungsvermögens der Netzhaut.*

**Klett-Film 36 00259:** Adaption, 3 min, f

Annotation: *Thema des Films ist die Reaktion des Auges bei Hell-Dunkeladaption: Das Schließen der Iris bei starkem Lichteinfall, die Pupillenweitung im Dunkeln. Die Anpassungsvorgänge auf der Netzhaut und der Regelkreis von Auge und Gehirn.*

**Klett-Film 36 00260:** Gehirnleistungen beim Sehen, 5 min, f

Annotation: *Eine Übersicht stellt den Überkreuz-Verlauf der Sehnerven beider Augen ins Sehzentrum des Gehirns vor und zeigt die Weiterleitung der auf der Netzhaut entstandenen Erregungen. Die Theorie der korrespondierenden Netzhautpunkte wird anschaulich.*

**FWU-Film 42 01106:** Additive und subtraktive Farbmischung, 14 min, f

Annotation: *Durch Zerlegen des weißen Lichtes mit einem Prisma erhält man die Spektralfarben. Begriffe wie Grund- , Komplementär- und Mischfarben werden erarbeitet. Das Prinzip der additiven und subtraktiven Farbmischung wird erläutert.*

**FWU-Film 42 01184:** Vom Reiz der Sinne – Sehen, 23 min, f

Annotation: *Im Mittelpunkt dieses Films stehen Bau und Funktion des Auges. Der Aufbau der Netzhaut, Bau und Funktion der Zapfen, die Natur des Lichts, Farben- und Bewegungssehen werden dabei ebenso berücksichtigt wie die Hell-Dunkel-Adaption und das räumliche Sehen.*

**FWU-Film 42 01185:** Vom Reiz der Sinne – Auge und Gehirn, 16 min, sw + f

Annotation: *Optische Täuschungen faszinieren und verunsichern uns. Sie lassen sich klassifizieren und weitgehend auch erklären. Unser Gehirn kann sogar lernen, optische Täuschungen zu korrigieren.*

**Klett-Film 750652:** Die Augen, 24 min, f

Annotation: *Mit diesem Video können der **Aufbau und die Funktion des Auges,** die Korrektur von Augenfehlern sowie Augenkrankheiten erarbeitet werden. Das Video gliedert sich in fünf Abschnitte.*
*Aufbau und Funktion des Auges können mit den einführenden Szenen demonstriert werden. Der **Sehvorgang** und das Phänomen des **Farbensehens** werden im zweiten Abschnitt des Videos im Wechsel von Real- und Trickaufnahmen dargestellt. Der dritte Abschnitt zeigt, wie **scharfes** Sehen ermöglicht wird und wie **Fehlsichtigkeiten entstehen** und korrigiert werden können. Im letzten Teil des Videos werden einige **Augenkrankheiten** gezeigt.*

*Hinweis des Klett-Verlages:*
Kurzfilme im Super-8mm-Format, die sogenannten „Arbeitsstreifen" haben sich in den vergangenen Jahren im Unterricht bewährt. Mit der Übertragung dieser Kurzfilme auf das Medium Video werden die Vorzüge dieses Arbeitsmittels für den Unterricht auf Video zugänglich gemacht. Mehrere thematisch zusammengehörige Kurzfilme wurden in den Arbeitsvideos kompakt zusammengefaßt.

### I.3.2 Zeitschriften

**Gillam, Barbara:** Optische Täuschungen. Spektr. d. Wiss. 3/1980, S. 101 - 110

Anmerkung: *An zahlreichen Beispielen werden optische Täuschungen demonstriert, und es wird versucht, Deutungen zu geben, soweit dies möglich ist. Der Artikel kann für den Lehrer hilfreich sein, weil die genannten Argumente sehr plausibel sind und daher vom Lehrer teilweise direkt übernommen werden können.*

**Yellott jr., John I.:** Illusionen beim räumlichen Sehen. Spektr. d. Wiss. 9/1981, S. 55-62

Anmerkung: *Der Verfasser diskutiert, wie verschiedene Phänomene der Tiefenumkehr, d. h. Veränderung der räumlichen Perspektive (z. B. Pulfrichsches Pendel), erklärt werden könnten. Dabei beschreibt er zwei mögliche Hypothesen sowie Experimente, mit denen diese Hypothesen geprüft werden können. Die Experimente sind mit relativ geringem Aufwand auch in der Schule durchführbar.*

**Hockwin, Otto:** Trübungen der Augenlinse. Spektr. d. Wiss. 9/1983, S. 28-37

Anmerkung: *Ursachen und Formen des Grauen Stars werden anhand zahlreicher guter Abbildungen beschrieben. Hilfreich für Ergänzung des Hintergrundwissens des Lehrers.*

**Koretz, J. F.; Handelmann, G. H.:** Altersweitsichtigkeit. Spektr. d. Wiss. 9/1988, S. 54-61

Anmerkung: *Die Akkommodation und der Bau von Linse, Ciliarkörper und Zonulafasern wird anhand hervorragender Abbildungen beschrieben. Mehrere Ursachen für die Altersweitsichtigkeit werden genannt und diskutiert.*

**Ramachandran, V. S.:** Kompensation des Blinden Flecks. Spektr. d. Wiss. 7/1992, S. 52 -58

Anmerkung: *Über den bekannten Versuch zum Blinden Fleck hinaus werden weitergehende Experimente, die sich leicht auch in der Schule durchführen lassen, vorgestellt. Anhand dieser Versuche wird diskutiert, wie die Kompensation des Blinden Flecks erfolgt.*

**Wenzel, Martin:** Entzündungen nach Staroperationen. Spektr. d. Wiss. 4/1992, S. 76-84

Anmerkung: *Der Titel gibt nur einen Teil des Inhalts wieder. Die Geschichte der Staroperation von der Antike bis heute und die verschiedenen Operationstechniken werden anhand sehr guter Abbildungen bzw. Fotos demonstriert. Lesenswert und unterrichtlich gut verwendbar. Der im Titel genannte medizinische Aspekt macht knapp die Hälfte des Artikels aus.*

**Auge;** Themenheft „Unterricht Biologie", Heft 18, 1987 Velber-Verlag, Seelze 6

Anmerkung: *Empfehlenswertes Heft mit vielen Experimenten zur Akkommodation, zum Farbensehen und zu optischen Täuschungen, die von Schülern durchgeführt werden können.*

**Die Sinne;** Themenheft „Unterricht Biologie", Heft 18, 1978 Velber-Verlag, Seelze 6

Anmerkung: *Neben vielen, inzwischen bekannten Unterrichtsmodellen wird unter dem Titel „Der multisensorische Straßenplan" ein Unterrichtsmodell vorgestellt, bei dem die Schüler ein Straßenstück akustisch, thermisch, kinästhetisch, olfaktorisch, optisch und taktil erforschen sollen.*

### I.3.3 Bücher

**Miram, W., Krumwiede, D.:** Informationsverarbeitung, Schroedel Schulbuchverlag, Hannover (1985)

Anmerkung: *Dieser Band aus der Reihe „Materialien für den Sekundarbereich II – Biologie" ist für den Unterricht in der Kursstufe konzipiert. Er enthält in komprimierter Form die theoretischen Grundlagen für die beschriebene Unterrichtseinheit.*

**Redaktion Naturwissenschaft und Medizin des Bibliographischen Instituts**
Leitung: K.-H- Ahlheim
Wie funktioniert das? – Der Mensch und seine Krankheiten, Bibliographisches Institut Mannheim, 1977.

Anmerkung: *Einzelne Aspekte von Bau/Funktion bzw. Erkrankungen verschiedener Sinnesorgane werden detailliert und durch Abbildungen veranschaulicht dargestellt. Für die beschriebene Unterrichtseinheit finden sich Informationen zu den Themen: Grauer Star, Grüner Star, Brechungsfehler, Farbenfehlsichtigkeit und Schielen.*

**Schmidt, R. F., Thews, G.:** Physiologie des Menschen, Springer-Verlag, Berlin, Heidelberg, New York 1977

Anmerkung: *Das Buch bietet detaillierte Informationen, die weit über das hinausgehen, was im Unterricht vermittelt werden kann. Der Lehrer findet eine Reihe hilfreicher Informationen für seine Unterrichtsvorbereitung, die durch viele Abbildungen veranschaulicht werden.*

**Thews, G., Mutschler, E., Vaupel, P.:** Anatomie, Physiologie, Pathophysiologie des Menschen, Wissenschaftl. Verlagsgesellschaft, Stuttgart 1989

Anmerkung: *Das Buch bietet in übersichtlicher Form Grundlagenwissen, das durch verständliche Texte und gute Abbildungen vermittelt wird. Die Abbildungen sind großenteils als Vorlagen für Folien geeignet. Das Buch kann jedem Biologielehrer nur dringend empfohlen werden.*

**Thiersfeldt, H.-J., Mathias, E., Schröder, M.:** Sinnesleistungen und Regelungsvorgänge, Schroedel Schulbuchverlag, Hannover (1983)

Anmerkung: *Dieser Band aus der Reihe „Wahlpflichtunterricht Biologie“ enthält zahlreiche Anregungen und Materialien für die Unterrichtseinheit „Bau und Funktion des menschlichen Auges“, bei denen grundlegende physikalische Kenntnisse nicht vorausgesetzt werden.*

### I.3.4 Spezielle Broschüren

Dein Weg geht weiter
Ratgeber für Blinde, Sehbehinderte und deren Angehörige und Freunde
Herausgeber: Deutscher Blindenverband e. V., 1994
Bismarckallee 30
53173 Bonn

Hindernislauf – Erlebnisse und Erfahrungen einer blinden Frau auf ihrem Weg zur Arbeit
Edeltraud Schmidt
Herausgeber: Deutscher Blindenverband e. V.
Bismarckallee 30
52173 Bonn

**Hermann van Dyck**
Nicht so, sondern so
Kleiner Ratgeber für einen guten Umgang mit Blinden
Herausgeber: Deutscher Blindenverband e. V., 1990

Leserbriefe Verkehrserziehung
Rot-Gelb-Grün-Lehrmittel, Braunschweig, 1984

Anmerkung: *Es stehen spezielle Lehrerbriefe für die Verkehrserziehung im Biologie-Unterricht zur Verfügung*

VerkehrsBildung
Indirekte VerkehrsBildung an weiterführenden Schulen
Biologie I: Sehen im Straßenverkehr
Biologie II: Alkohol, Drogen, Medikamente
Verlag Heinrich Vogel, München

# II. Unterrichtseinheit (UE): Die Sinne des Ohres

**Lernvoraussetzungen:**

Voraussetzung zum Verständnis der Sinne des Ohres ist die Kenntnis der Anatomie des Ohres. Dieses wird in der vorliegenden Unterrichtseinheit unter 2. (s. Gliederung) erarbeitet, so daß in diesem Punkte nichts vorauszusetzen ist. Weitere Angaben siehe Vorbemerkung der Verfasser.

**Gliederung:**

Die Pfeile geben die hier vorgeschlagene Unterrichtssequenz inhaltlicher Schwerpunkte dieser Unterrichtseinheit an. Es sind aber auch andere Sequenzen denkbar.

1. Bau des Gehörsinnesorgans

↓

2. Schallübertragung; Schallmessung;
Lärm als schädigender Umweltfaktor

↓

3. Richtungshören

↓

4. Hörschäden nehmen zu

↓

5. Drehsinn und Lagesinn

**Zeitplan:**

Die Inhalte 1 - 5 lassen sich in 6 - 7 Stunden unterrichtlich umsetzen.

## II.1 Sachinformation

### Adenoide Vegetation (Polypen):
Wucherungen der Rachenmandel, die bis über die Öffnung der Ohrtrompete (Eustachische Röhre) reichen und den Druckausgleich im Mittelohr und dadurch das Hören behindern. Lispeln bei sprechlernenden Kindern hat häufig diese Ursache. Operation erforderlich.

### Dezibel:
(s. Lautstärke)

### Hörbereich:
(s. Lautstärke)

### Hörschwelle:
(s. Lautstärke)

### Innenohr:
Die Schallenergie wird vom Steigbügel auf die in der Scala Vestibuli befindliche Perilymphe übertragen. Die Schwingungen erzeugen in der Perilymphe sogenannte Wanderwellen, die die Basilarmembran auslenken. An den Stellen des Maximums dieser Auslenkung werden die Haarzellen am stärksten erregt. Da dieses Maximum für Wellen verschiedener Frequenzen an unterschiedlichen Orten der Basilarmembran liegt, sind unterschiedlichen Orten der Basilarmembran bestimmte Frequenzen zugeordnet. Die Wanderwellen entmischen sich also nach Frequenzen geordnet (Frequenzdispersion). Die Haarzellen geben ihre Information über die Hörbahn an die Hörrinde des Gehirns weiter.

### Lärmschwerhörigkeit:
Minderung des Hörvermögens durch chron. Einwirkung von Lärm über 85-90 dB (A) (s. Lautstärke). Schädigung der äußeren Haarzellen des Innenohrs (Cortiorgan), zumeist bei 4000 Hz beginnend, später auch in den Bereich um 1000 Hz übergehend. Wird i. a. zunächst nicht bemerkt, später Probleme bei Flüsterverständigung und Unterhaltung in lauter Umgebung (Cocktail-Party-Effekt). Die L. steht zur Zeit an erster Stelle aller Berufskrankheiten (Schallschutzbestimmungen). Ca. 4% der Jugendlichen zwischen 15 und 17 Jahren (7% zw. 20 und 29 Jahren) weisen Hörminderungen auf, die i.w. auf Lärmeinflüsse (Diskotheken, priv. Musikanlagen, Walkman) zurückgeführt werden (Brockhausenzyklopädie).

### Lautstärke:
Adäquate Reize für den Gehörsinn sind longitudinale Schwingungen der Luftmoleküle bestimmter Frequenz und Intensität, die man kurz als Schall bezeichnet. Periodische Schwingungsvorgänge dieser Art werden als Töne oder Klänge, unperiodische Schallereignisse als Geräusche charakterisiert. Der menschliche Gehörsinn ist nur in der Lage, Töne in einem bestimmten Frequenzbereich wahrzunehmen, der bei Jugendlichen von 20 Hz bis zu etwa 16000 Hz (16 kHz) reicht. Während die untere Tonfrequenzgrenze sich im Laufe des Lebens nur wenig ändert, nimmt die obere Tonfrequenzgrenze mit zunehmendem Alter, insbesondere nach dem 40. Lebensjahr, regelmäßig ab. Die Hörbarkeit eines Schallereignisses hängt nicht nur von der Frequenz der Schwingungen, sondern auch von ihrer Intensität ab. Ein Maß für objektive Schallintensität ist der Schalldruckpegel, der in Dezibel (dB) gemessen wird. Diese Maßeinheit ist dem Schalldruck logarithmisch zugeordnet, d. h. eine Steigerung um 1 dB bedeutet eine Verzehnfachung des Schalldruckes. Der Nullpunkt der dB-Skala entspricht etwa dem Wahrnehmungsdruck für einen 1000-Hz-Ton. Zur Beschreibung der subjektiven Empfindungsstärke des Schallereignisses benutzt man den sogenannten Lautstärkepegel, der in Phon angegeben wird. Der Nullwert der Phon-Skala ist etwa der Hörschwelle zugeordnet, d.h. dem jeweils kleinsten Schalldruck, bei dem ein Ton beliebiger Frequenz wahrnehmbar ist. Der Zusammenhang zwischen dB- und Phonskala ergibt sich aus Material II./M3.

### Maskierung:
Eine Beeinträchtigung des Hörens durch Lärm kann bereits ohne Schädigung des Hörorgans vorliegen. Dies wird als Maskierung bezeichnet, wobei vor allem Sprach- und Warnsignale verdeckt und die Kontrolle der eigenen Sprache vermindert werden können. Der Maskierungseinfluß von Lärm, welcher tieffrequente Anteile enthält, ist vor allem deswegen erwähnenswert, weil in diesem Fall der dem Schwerhörigen noch verfügbare Bereich annähernd normalen Hörens besonders verdeckt wird.

### Mittelohr:
Die Schallwellen gelangen über den äußeren Gehörgang zum Trommelfell. Dieses wird durch Schalldruckschwankungen in Schwingungen versetzt und gibt die Schallenergie über die Gehörknöchelchen Hammer, Amboß und Steigbügel an das Innenohr und gelangt dann an das ovale Fenster.

### Paracusis:
Ist ein bestimmter Basilarmembranbereich durch starke Schädigung völlig ohne Haarzellen, dann kann die in diesen Bereich gehörende Frequenz praktisch nicht mehr empfunden werden. Es wird dann diejenige Frequenz empfunden, welche der nächsten nicht zerstörten Haarzellgruppe entspricht, wobei im allgemeinen eine Verschiebung zu höheren Frequenzen hin erfolgt. Diese starke Schädigungsauswirkung wird als Paracusis bezeichnet, und sie kann ein- bzw. beidohrig auftreten.

### Permanente Schwellenverschiebung (PTS):
Die permanente Schwellenverschiebung (permanent threshold shift, PTS) ist ein sich nicht mehr zurückbildender bleibender Hörschaden. Es ist nicht so ohne weiteres zu entscheiden, ob die permanente Schwellenverschiebung während eines Arbeitslebens ein langsamer, im einzelnen nicht meßbarer Effekt ist, oder ob sie durch einige wenige Schallereignisse verursacht wird. Vor allem Ruhezeiten, also die Ermöglichung von Erholungsprozessen, wirken einer permanenten Schwellenerhöhung entgegen. Die individuelle Empfindlichkeit, die z. B. abhängig ist von der Masse der Gehörknöchelchen, Festigkeit der Cochleateile, Dichte der Blutversorgung usw. spielt in diesem Zusammenhang eine große Rolle.

### Phon:
(s. Lautstärke)

### Richtungshören:
Für die akustische Richtungswahrnehmung ist beidohriges Hören Voraussetzung. Es werden Laufzeitunterschiede und Pegeldifferenzen registriert. Laufzeitdifferenzen von $3 \cdot 10^{-5}$ s können sicher registriert werden.

### Schall:
(s. Lautstärke)

### Temporäre Schwellenverschiebung (TTS):
Die temporäre Schwellenverschiebung (temporary threshold shift, TTS) ist eine zeitlich begrenzte Schwellenerhöhung, die sich wieder zurückbildet. Eine normale Schwellenverschiebung oder physiologische Ermüdung in einer Größenordnung von 25 bis 30 dB bildet sich nach ca. 1000 Minuten (ca. 16 Std.) zurück. Eine pathologische Schwellenverschiebung liegt vor, wenn die temporäre Schwellenverschiebung größer als 40 dB wird. Dann kann die Erholungszeit Tage und Wochen dauern, und wenn eine neue Beschallung einsetzt, ist die Wahrscheinlichkeit einer permanenten Schwellenverschiebung groß.

### Tinnitus:
Ein wichtiges Schädigungs- und Krankheitssymptom sind bleibende Ohrgeräusche (Tinnitus), die eine erhebliche Beeinträchtigung des körperlichen und seelischen Allgemeinbefindens bedeuten. Ohrengeräusche können ihren Ausgang von praktisch allen Stationen des akustischen Verarbeitungssystems nehmen und auch durch internistische, neurologische oder psychiatrische Erkrankungen ausgelöst sein, ohne daß ein Hörverlust gegeben ist. Es ist allerdings zu bedenken, daß jeder vierte Lärmschwerhörige über eine derartige Schädigung klagt.

## II.2 Informationen zur Unterrichtspraxis

### II.2.1 Einstiegsmöglichkeiten

| Einstiegsmöglichkeiten | Medien |
|---|---|
| **A.** | |
| ■ L verteilt oder projiziert Zeitungs-/Zeitschriftenartikel<br>▶ **Problemfrage:** Wie kommt es zur Schwerhörigkeit? | ■ Material II./M 1 (Materialgebundene Aufgabe): Gehörschäden nehmen zu |
| ***Unterrichtliche Anmerkung:*** *Dieser Einstieg kann den Schülern die Erkenntnis vermitteln, daß man die Problemfrage nur dann beantworten kann, wenn man sich mit der Anatomie des Ohres beschäftigt hat.* | |

| Einstiegsmöglichkeiten | Medien |
|---|---|
| **B.** | |
| ■ L organisiert ein Gespräch mit einem Gehörlosen/Träger eines Hörgerätes<br>■ oder<br>eine Schülergruppe führt ein Gespräch mit einem Gehörlosen/Träger eines Hörgerätes<br>■ oder<br>L verteilt Material II./M 3<br>▶ **Problemfrage:** Wie kommt es zur Schwerhörigkeit? | ■ Material II./M 2 (Materialgebundene Aufgabe): Vorbereitung eines Interviews<br>■ Material II./M 2 (Materialgebundene Aufgabe): Vorbereitung eines Interviews<br>■ Material II./M 3 (Materialgebundene Aufgabe): Gespräch mit einem Hörgeräteträger |
| ***Unterrichtliche Anmerkung:*** *Dieser Einstieg kann den Schülern die Erkenntnis vermitteln, daß man die Problemfrage nur dann beantworten kann, wenn man sich mit der Anatomie des Ohres beschäftigt hat.* | |
| **C.** | |
| ■ SuS führen ein Gespräch mit einem Hörgeräteakustiker<br>▶ **Problemfrage:** Welche Aufgabe übernimmt ein Hörgerät? | ■ Material II./M 2 (Materialgebundene Aufgabe): Vorbereitung eine Interviews |
| ***Unterrichtliche Anmerkung:*** *Dieser Einstieg kann den Schülern die Erkenntnis vermitteln, daß man die Problemfrage nur dann beantworten kann, wenn man sich mit der Anatomie des Ohres beschäftigt hat.* | |
| **D.** | |
| ■ L. liest aus einem (Bio-)Buch vor, ohne zu sprechen, sondern bewegt nur die Lippen<br>■ L. führt Versuch zur Schallübertragung in Luft und im Vakuum durch<br>▶ **Problemfrage:** Worauf ist Hören zurückzuführen? | ■ Material II./M 4 (Experiment): Schallübertragung durch Luft |
| ***Unterrichtliche Anmerkung:*** *Dieser Versuch führt direkt zur Frage nach dem Bau und der Funktionsweise des Gehörsinns.* | |

### II.2.2 Erarbeitungsmöglichkeiten

| Erarbeitungsschritte | Medien |
|---|---|
| **A./B./C./D. 1. Bau und Funktionsweise des Gehörsinns** | |
| *Nachdem die Schüler erkannt haben, daß sie über ein gewisses Fachwissen verfügen müssen, können die biologischen Inhalte erarbeitet werden. Experimente verbessern die Anschauung und eröffnen die Möglichkeit, typisch naturwissenschaftliche Verfahren anzuwenden.* | |
| ■ L-Impuls: Wir verfolgen den Weg der Schwingung durch das Ohr | ■ Material II./M 5 (Materialgebundene Aufgabe): Anatomie des Ohres (auch Buchabbildung oder Folie der Medientasche) |

| Erarbeitungsschritte | Medien |
|---|---|
| ■ Unterrichtsgespräch: Die Teile des Ohres erhalten Namen, und ihre Funktionen werden benannt. | ■ ggf. Tafel |
| ■ Lehrerversuch | ■ Material II./M 6 (Experiment): Schallübertragung am Trommelfell<br>Tafel: Versuchsskizze<br>Beobachtungen: Das schwingende erste Tamburin versetzt das zweite in Schwingungen. Das zweite Tamburin ist Modell für unser Trommelfell.<br>HA: Informiere dich über die Funktionsweise eines Lautsprechers! |
| ■ L-Vortrag zum Druckausgleich durch die Ohrtrompete | ■ Material II./M 5 (Materialgebundene Aufgabe): Anatomie des Ohres |

***Anmerkung:*** *Fehlender Druckausgleich behindert die Schwingung des Trommelfells. Daraus ergeben sich Schwierigkeiten beim Erlernen des Sprechens, siehe Sachinformation Adenoide Vegetation (Probleme beim Erlernen des Sprechens, Lispeln bei Kindern). Schüler sind zukünftige Eltern!*

| Erarbeitungsschritte | Medien |
|---|---|
| ■ L demonstriert die Vorgänge in der Schnecke durch einen Film | ■ Klett-Film 36 0023: Funktion des Innenohres (5 min) |

***Unterrichtliche Anmerkung:*** *Der Film bietet eine altersgemäße Darstellung der Vorgänge in der Schnecke. Die Vorgänge sollten dann an einer Abbildung besprochen werden, z. B. Material II./M 7*

**A./B./C./D. 2. Schallübertragung, Schallmessung**

| Erarbeitungsschritte | Medien |
|---|---|
| ■ L-Impuls: „Anhand der Abbildungen machen wir uns noch einmal klar, wie im Innenohr der Klang registriert wird.“ | ■ Material II./M 7 (Materialgebundene Aufgabe): Schallaufnahme im Innenohr<br>Material II./M 5 (Materialgebundene Aufgabe): Anatomie des Ohres |
| ■ L-Information: „Um die Belastungen für die Ohren wirklich beurteilen zu können, braucht man ein Meßverfahren für die Lautstärke.“ | ■ Material II./M 8 (Materialgebundene Aufgabe) Kurven gleicher Lautstärke |
| ■ Lehrervortrag anhand von Mat.II./M8 | ■ Material II./M 8 (Materialgebundene Aufgabe): Kurven gleicher Lautstärke |
| ■ L-Impuls: „Wir wollen jetzt die Empfindlichkeit unseres Gehörs überprüfen.“ | |
| ■ Der in Mat.II./M9 beschriebene Versuch (Audiogramm) wird durchgeführt und ausgewertet. | ■ Material II./M9 (Experiment): Erstellen eines Audiogramms<br>***Anmerkung:*** *Die Versuche sind nicht quantitativ auswertbar. Man kann aber, vor allem beim Vergleich mit älteren Personen (Lehrer),deutliche Unterschiede erkennen.* |
| ■ Alternative:<br>L oder SuS besorgen Audiogramme vom Ohrenarzt oder Hörgeräteakustiker.<br>Die Audiogramme werden vergleichend ausgewertet. | ***Anmerkung:*** *Es sollten Audiogramme sowohl von gut Hörenden als auch von Hörgeschädigten bzw. älteren Personen zum Vergleich herangezogen werden.* |

| Erarbeitungsschritte | Medien |
|---|---|
| ■ L-Impuls: „Wir sehen, die Audiogramme sind sehr verschieden. Welche Zusammenhänge können wir zwischen den Audiogrammen und den Abbildungen (Mat. II./M 7 und Mat. II./M 10) erkennen bzw. vermuten?“ | ■ Material II./M 10 (Materialgebundene Aufgabe): Schädigung des Innenohrs<br>Material II./M 7 (Materialgebundene Aufgabe): Schallaufnahme im Innenohr |
| ***Unterrichtliche Anmerkung:** Die Schüler erkennen im Gespräch den Zusammenhang zwischen zu starker Schalleinwirkung, übermäßiger Auslenkung der Basilarmembran und irreversibler Zerstörung der Haarzellen. Sie haben bei der folgenden Hausaufgabe Gelegenheit, ihr eigenes Verhalten zu beurteilen.* | |
| ■ L verteilt Kopien des Materials II./M 10.<br>■ Die Schüler bearbeiten die Aufgaben des Mat. II/M 10 als Hausaufgabe | ■ Material II./M 10 (Materialgebundene Aufgabe): Schädigung des Innenohres |
| **A./B./C./D. 3. Richtungshören** | |
| ■ Der Vorversuch zum Richtungshören wird durchgeführt.<br>■ L-Impuls: „Wodurch konnte die Versuchsperson die Richtung der Schallquelle orten?“<br>■ Unterrichtsgespräch: Hypothesenbildung | ■ Material II./M 11 (Experiment): Richtungshören<br><br>■ Tafel ( evt. Versuchsskizze)<br>– Lautstärke<br>– Zeitdifferenz |
| ***Unterrichtliche Anmerkung:** Die erste Hypothese kann ausgeschlossen werden, da bei sehr großen Entfernungen, wenn praktisch kein Lautstärkeunterschied besteht, immer noch sehr genau die Richtung der Schallquelle angegeben werden kann.* | |
| ■ L-Information: „Mit dem folgenden Experiment können wir die Zeitdifferenz ermitteln, die gerade noch wahrgenommen werden kann.“<br>■ Durchführung des Hauptversuchs; Berechnung laut Material II./M 11<br>■ Wiederholung des Vorversuchs, aber ein Ohr mit Watte verstopft | <br><br>■ Material II./M 11 (Experiment): Richtungshören<br>■ Tafel: Wenn beide Ohren nicht gleich gut hören, ist das Richtungshören gestört. |
| **A./B./C./D. 4. Gehörschäden nehmen zu** | |
| ■ L-Impuls: „Wir wollen versuchen, uns in die Situation von Gehörlosen zu versetzen.“ | ■ Material II./M12 (Materialgebundene Aufgabe): Verständigung mit Gebärden |
| ***Unterrichtliche Anmerkung:** Die Schüler sammeln in diesem Spiel Erfahrungen mit der Situation Schwerhöriger bzw. Gehörloser und können sich so besser in deren Lage versetzen.* | |
| ■ Unterrichtsgespräch über Taubheit/Schwerhörigkeit<br><br>■ L-Impuls: „ Wir haben gelernt, daß Gehörschäden in unserer Gesellschaft zunehmen und daß die Betroffenen erhebliche Probleme haben. Was kann man dagegen tun?“ | ■ Tafel: Taubheit/Schwerhörigkeit in unserer Gesellschaft<br>1. Ursachen (Material II./M 10)<br>2. Probleme der Betroffenen (Material II./M 2 oder Material II/M 3)<br>3. Hilfe für Betroffene |

| Erarbeitungsschritte | Medien |
|---|---|
| ■ Unterrichtsgespräch über mögliche Maßnahmen zur Vermeidung von Gehörschäden | ■ Tafel: Gehörschäden nehmen zu!<br>Was kann man tun …?<br>1. Sich vor Lärm schützen<br>2. Über die Gefahren von Lärm aufklären (Material II./M 10)<br>3. Lärm vermindern |
| **A./B./C./D. 5. Drehsinn und Lagesinn** | |
| ■ L führt mit einem Schüler den Richtungszeigeversuch durch. | ■ Material II./M 13 (Experiment): Richtungszeigeversuch<br>***Anmerkung:*** *Der Raum muß möglichst frei von Geräuschen sein, damit sich die Versuchsperson nicht akustisch orientieren kann.* |
| ■ Unterrichtsgespräch, bei dem aus dem Verhalten der Versuchsperson deren Interpretation der Situation herausgearbeitet wird | ■ Tafel<br>tatsächlicher Vorgang: … Empfindung: … |
| ***Unterrichtliche Anmerkung:*** *Es muß sehr deutlich werden, daß die Versuchsperson die Situation anders einschätzt, als sie ist.* | |
| ■ L-Information: „Durch die Versuchsbedingungen haben wir den Drehsinn, der sich in den Bogengängen befindet, getäuscht.<br>Anhand eines Modellversuchs können wir untersuchen, was sich im Experiment in den Bogengängen der Versuchsperson abspielte." | ■ Material II./M 14 (Experiment): Modellversuch zum Drehsinn; (Arbeitsblatt)<br>Tafel oder alternativ Material II./ M 15 (Materialgebundene Aufgabe): Anatomie der Bogengänge |
| ■ Unterrichtsgespräch, in dem anhand des Modellversuchs zum Drehsinn und anhand der Abbildungen zur Anatomie der Bogengänge der Drehschemelversuch gedeutet wird. | |
| ■ Der Eidrehversuch wird als originelle Abwandlung des Erarbeiteten durchgeführt. | ■ Material II./M 15 (Experiment): Ist das Ei roh oder gekocht? |
| ■ L- Information: „Außer dem Drehsinn gibt es in unserem Ohr noch den Lagesinn. Auch ihn kann man in einem Experiment täuschen." | |
| ■ Der „Partyversuch" wird durchgeführt. | ■ Material II./M 16 (Experiment): Partyversuch zum Gleichgewichtssinn<br>***Anmerkung:*** *Vorsicht, manche Schüler sind nach dem Experiment sehr torkelig und müssen aufgefangen werden. Freie Bahn schaffen und andere Schüler zum Auffangen bereitstellen!* |
| ■ Die Anatomie des Lagesinns wird an der Tafel oder anhand von Mat. II./M15 erarbeitet. | ■ Tafel;<br>Material II./M 15 (Materialgebundene Aufgabe): Dreh- und Lagesinn |

| II./M 1 | Gehörschäden nehmen zu | Materialgebundene AUFGABE |
|---|---|---|

**Arbeitsmaterial:**

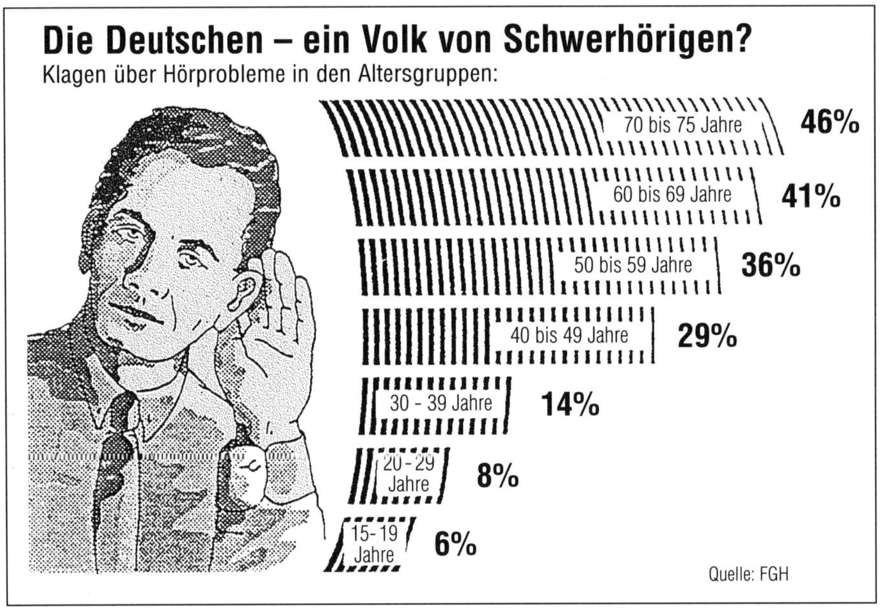


# Schwerhörigkeit ist im Alter weit verbreitet

Zwangsläufig nehmen im Alter die verschiedensten Störungen zu. Eine Umfrage hat festgestellt, daß in den alten und neuen Bundesländern etwa 14 Millionen Menschen an Hörstörungen oder Schwerhörigkeit leiden. Wie die nebenstehende Grafik zeigt, beginnen schon bei den Vierzigjährigen die Klagen über nachlassende Hörfähigkeit dramatisch anzusteigen. Fachleute weisen immer wieder darauf hin, daß die Untersuchungen durch Ohrenärzte und dann möglicherweise eine Versorgung mit Hörgeräten nicht auf die lange Bank geschoben werden sollten. Je älter die Menschen sind, desto schwerer lernen sie den Umgang mit den technischen Hilfen.

Lübecker Nachrichten – HL – 25; Donnerstag, 15. April 1993

**Aufgaben:**

a) Stelle fest, ob es in Deinem Bekanntenkreis Personen gibt, die schlecht hören können! Tabelliere Namen, Geschlecht und Alter!
b) Fasse die Ergebnisse der Klasse in Säulendiagrammen zusammen und werte die Graphik aus!
c) Informiere Dich, wo in Deiner Umgebung lästige oder gesundheitsschädigende Lärmquellen vorhanden sind!

| II./M 2 | Vorbereitung eines Interviews | Materialgebundene AUFGABE |
|---|---|---|

**Aufgabe:**

Ergänze die Fragebögen um weitere Fragen und führe ein Gespräch ...

mit einem Hörgeräteträger
1. Herr NN, Sie tragen ein Hörgerät, – seit wann?
2. Können Sie uns etwas über die Ursache ihrer Schwerhörigkeit sagen?
3. Welche besonderen Probleme hatten Sie während Ihrer Schulzeit?
4. Welche besonderen Probleme hatten Sie während Ihrer Berufsausbildung?
5. Welche Probleme haben Sie mit Ihren Hörgeräten?
6. Welche Bitten haben Sie an Ihre Mitmenschen?
7. ...
8. ...

mit einem Hörgeräteakustiker
1. Welche Untersuchungen machen Sie bei den Hörgeschädigten?
2. Aus welcher Altersklasse stammen die meisten Patienten?
3. Was würden Sie zum Schutz vor Hörschäden empfehlen?
4. ...
5. ...

mit einem Ohrenarzt
1. Herr/Frau Dr., welche Untersuchungen führen Sie bei Patienten durch, die über Hörprobleme klagen?
2. Welches sind die häufigsten Ursachen für Schwerhörigkeit?
3. Bei welchen Schäden können Sie helfen, wann muß operiert werden, und wann ist der Hörgeräteakustiker zuständig?
4. ...
5. ...

| II./M 3 | Fallbeispiel (Gespräch mit einem Hörgeräteträger) | Materialgebundene AUFGABE |
|---|---|---|

**Arbeitsmaterial:**

**Fallbeispiel: Gespräch mit einem Hörgeräteträger**

**Frage:** Herr Meyer, Sie tragen zwei Hörgeräte. Seit wann sind Sie schwerhörig, und wie ist es dazu gekommen?
**H. Meyer:** Bemerkt worden ist die Krankheit, als ich etwa 6 Jahre alt war. Die genaue Ursache wurde nie herausgefunden. Ich hatte aber mit 4 Jahren eine Infektion im Zusammenhang mit Scharlach oder Masern, und man vermutet, daß damals das Gehör geschädigt wurde, aber genau weiß man das nicht. Ich habe dann bis zu meinem 13. Lebensjahr eine Sonderschule für Hörgeschädigte besucht. Damals hielt man es zuweilen noch für richtig (so auch bei mir), nur ein Hörgerät zu tragen, was man heute als völlig falsch ansieht, weil räumliches Hören dann nahezu unmöglich ist. Die Folge war, daß ich eigentlich nie vernünftig gehört habe.

**Frage:** Welche besonderen Probleme hatten Sie während Ihrer Berufsausbildung?
**H. Meyer:** Probleme gibt es immer innerhalb größerer Gruppen und in Situationen mit vielen Nebengeräuschen, z.B. in technischen Berufen, wenn Maschinen laufen. Wenn man neue Leute kennenlernt, die undeutlich sprechen, brauche ich immer einige Zeit, bis ich mich darauf einstellen kann. Das macht sich besonders unangenehm bemerkbar, wenn es um Wörter oder Sätze geht, die sehr genau verstanden werden müssen, wie z.B. Fremdwörter oder Wörter, die ähnlich klingen. Das ist manchmal zum Verzweifeln.

**Frage:** Welche besonderen Probleme ergeben sich für Sie mit den Hörgeräten?
**H. Meyer:** Der Lautstärkebereich, in dem ich hören kann, ist stark eingeschränkt. In meiner Umgebung gibt es aber naturgemäß den vollen Lautstärkebereich vom Flüstern bis zum Lärm. Damit der Schwerhörige alles mitbekommen kann, sind die Hörgeräte so konstruiert, daß sie leise Geräusche stärker verstärken als laute. Für mich bedeutet das, daß ich z. B. den Ventilator einer Klimaanlage oder das Brummen eines Kühlschranks viel lauter höre als ein Gesunder. Wenn ich also in einem Raum mit vielen Nebengeräuschen, wie z. B. auch entfernt stattfindenden Gesprächen, einem Gespräch folgen soll, an dem ich beteiligt bin, habe ich teilweise große Schwierigkeiten. Ich muß dann mein Hörgerät leiser stellen, um die Nebengeräusche nicht zu hören; häufig nehme ich das bzw. die Geräte dann ganz heraus und bitte meine Gesprächspartner, lauter zu reden, oder ich versuche, das Gesprochene von den Lippen abzulesen.

**Aufgaben:**

a) Erzeuge in einem Raum künstlich besonders laute Nebengeräusche (z. B. laute Gespräche, Brummen von Aggregaten, Klappern mit Gegenständen) und versuche, in normaler Lautstärke ein Gespräch zu führen, oder diktiere Deinen Klassenkameraden in normaler Lautstärke einen Text!
b) Formuliere einen Maßnahmenkatalog, wie man Schwerhörigen helfen kann, die von Herrn Meyer beschriebenen Schwierigkeiten besser zu ertragen!

| II./M 4 | Schallübertragung durch Luft | EXPERIMENT |
|---|---|---|

**Arbeitsmaterial:**

**Versuchsprotokoll**

*Thema:* Schallübertragung durch Luft

*Material:*
- Glasglocke mit Elektroanschlüssen (Physiksammlung)
- Klingel
- Akku 6 V, Stromquelle 6 V
- Kabel
- Vakuumpumpe

*Durchführung:*

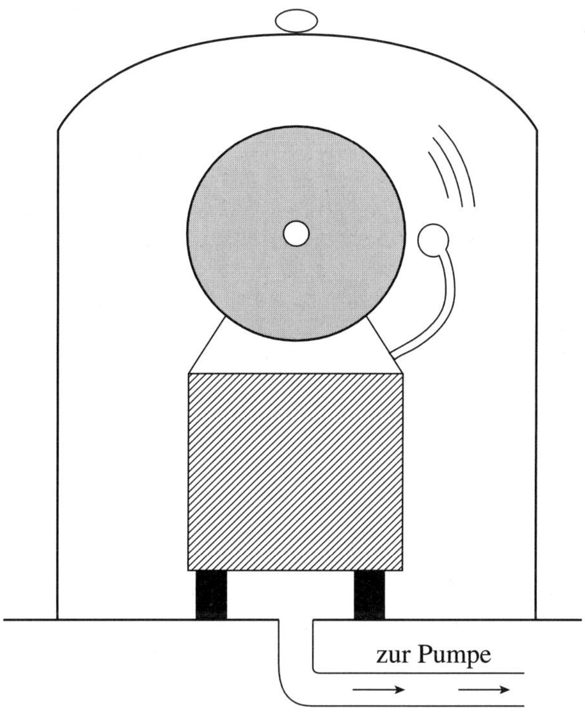


Die Klingel wird eingeschaltet. Während sie klingelt, wird die Luft unter der Glocke abgepumpt.

**Aufgaben:**

a) Formuliere Deine Beobachtungen!
b) Welche Rolle spielt die Luft bei der Schallübertragung? Lies in einem Physikbuch nach!

| II./M 5 | Anatomie des Ohres | Materialgebundene AUFGABE |
|---|---|---|

**Arbeitsmaterial:**

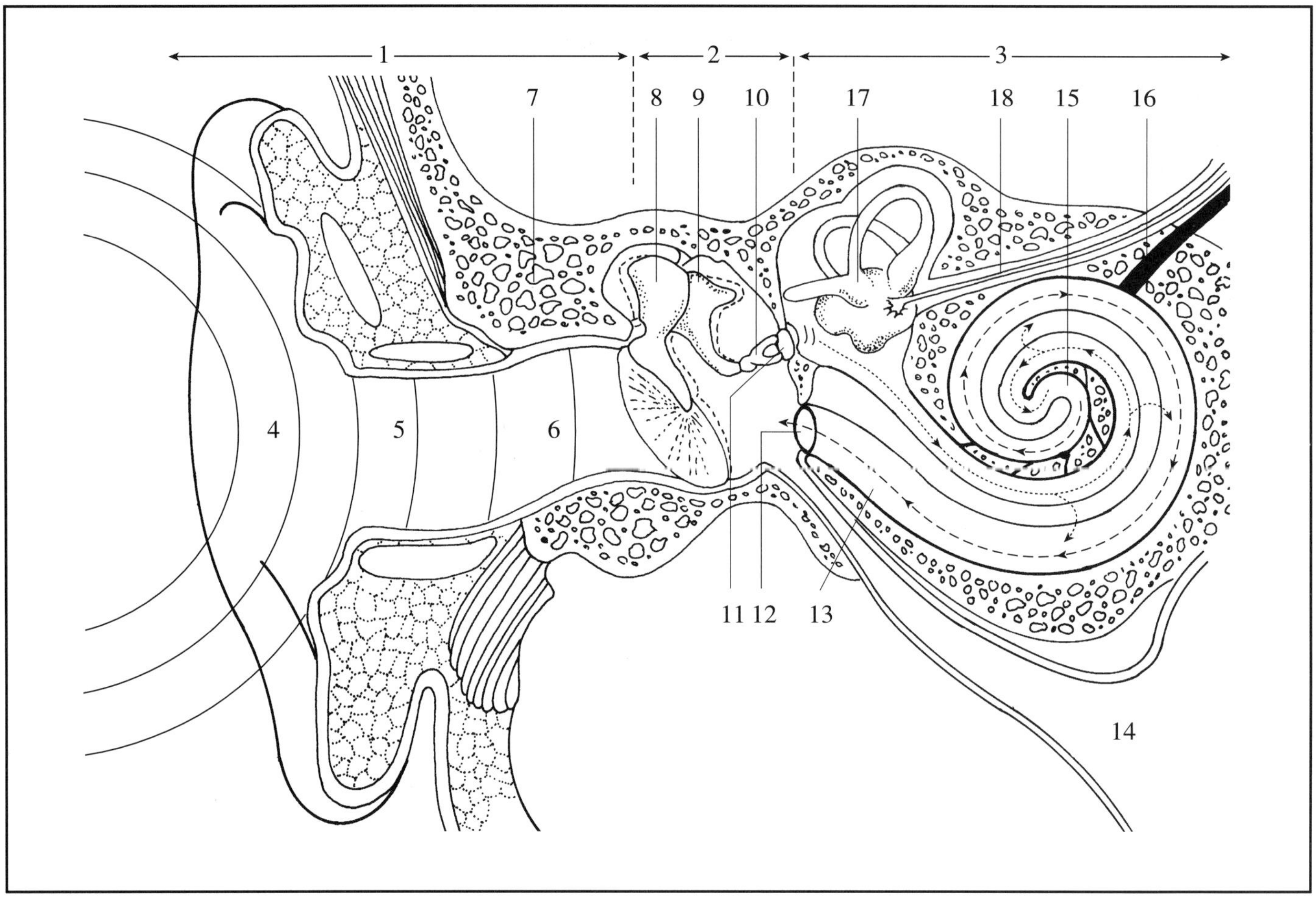


**Aufgabe:**

Benenne die Teile des Ohres!

1. ______________________ 2. ______________________

3. ______________________ 4. ______________________

5. ______________________ 6. ______________________

7. ______________________ 8. ______________________

9. ______________________ 10. ______________________

11. ______________________ 12. ______________________

13. ______________________ 14. ______________________

15. ______________________ 16. ______________________

17. ______________________ 18. ______________________

| II./M 6 | Schallübertragung am Trommelfell | EXPERIMENT |
|---|---|---|

**Arbeitsmaterial:**

**Versuchsprotokoll**

*Thema:* Modellversuch zur Schallübertragung am Trommelfell

*Material:*
- 2 Tamburins
- 2 Schlegel
- Pingpongball am Faden (Länge 50 cm)
- Stativmaterial

*Durchführung:*

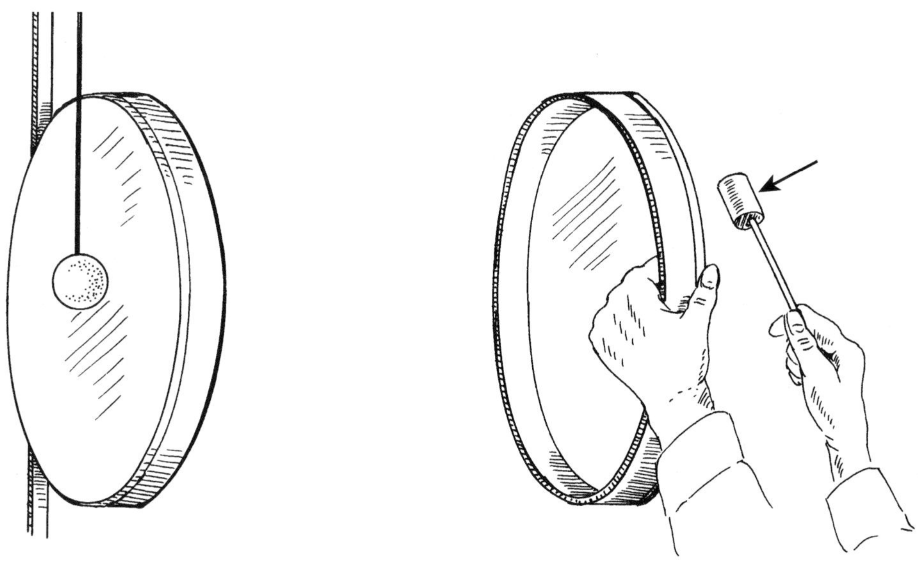

Schlage mit dem Schlegel gegen das eine Tamburin. Beobachte!

**Aufgaben:**

a) Fertige ein Versuchsprotokoll an!
b) Erkläre die Ergebnisse! Informiere Dich dazu anhand eines Physikbuches über die Eigenschaften des Schalles!

| II./M 7 | Schallaufnahme im Innenohr | Materialgebundene AUFGABE |
|---|---|---|

**Arbeitsmaterial:**

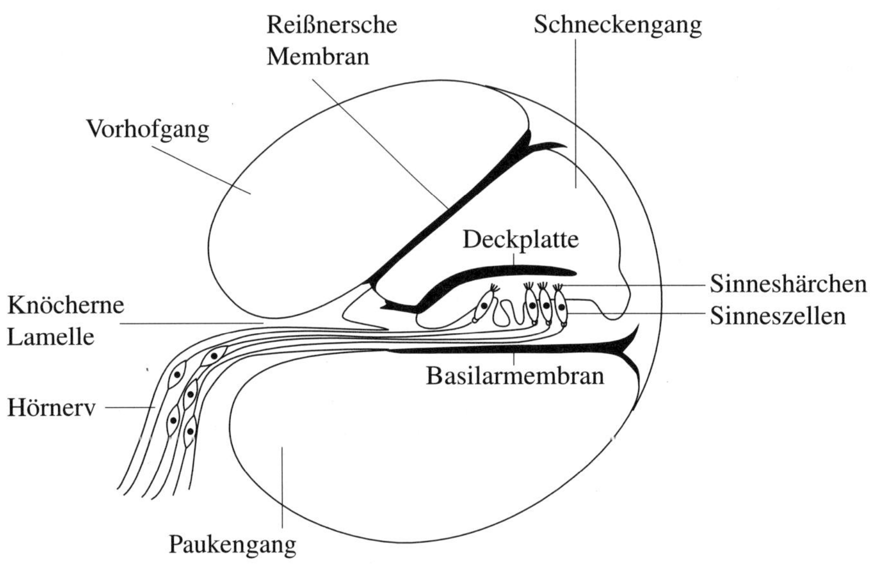


1 Schnitt durch eine Windung der Schnecke (nach *Bauer* 1974, S. 163)

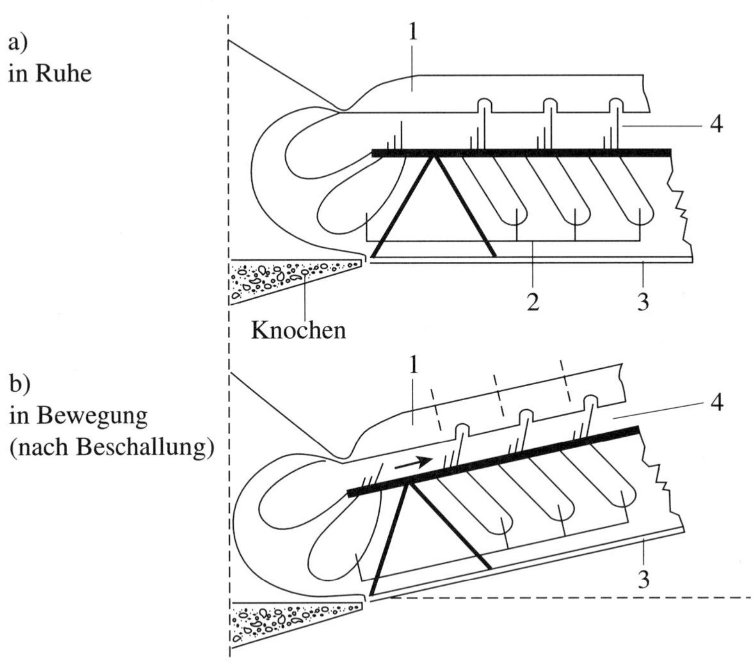


2 Relative Lage der Basilar- und Deckmembranen (nach *Gelfland* 1981, S. 92)

**Aufgaben:**

a) Benenne in Abbildung 2 die mit Zahlen gekennzeichneten Strukturen mit Hilfe der Abbildung 1!
b) Erläutere, was in der Schnecke geschieht, wenn ein Schallreiz auf das Innenohr trifft!

| II./M 8 | Kurven gleicher Lautstärke | Materialgebundene AUFGABE |
|---|---|---|

**Arbeitsmaterial:**

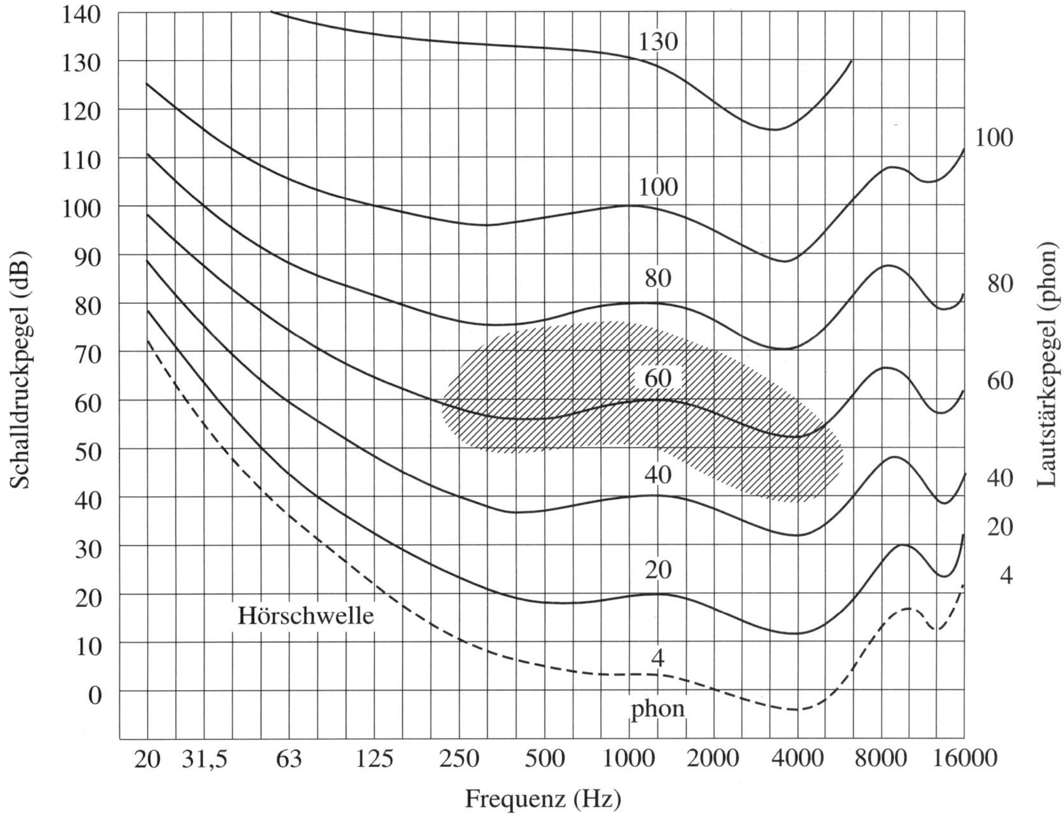


Kurven gleicher Lautstärke (Isophone) im Schalldruckpegel-Frequenz-Diagramm. Das schraffierte Feld kennzeichnet den Hauptsprachbereich.

**Aufgaben:**

Bei 1000 Hz stimmen Hörempfindung (Lautstärkepegel in Phon) und physikalisch gemessene Lautstärke (Schalldruckpegel in dB) gut überein. Tiefe Töne, d. h. Töne mit niedriger Frequenz, werden vom menschlichen Ohr jedoch wesentlich leiser empfunden, als es dem physikalisch gemessenen Wert entspricht.

a) Belege diese Aussage anhand der Abbildung!
b) Formuliere, welche Gefahren für das menschliche Ohr sich daraus ergeben!
c) Was ergibt sich daraus für laut empfundene Bässe bei Diskomusik?

| II./M 9 | Erstellen eines Audiogramms | EXPERIMENT/Material-gebundene AUFGABE |
|---|---|---|

**Arbeitsmaterial:**

**Versuchsprotokoll**

*Thema:* Erststellen eines Audiogramms

*Durchführung:*
Erstelle ein Audiogramm (Meßprotokoll, das den Zusammenhang zwischen Lautstärkeempfindung und Tonfrequenz darstellt) eines Mitschülers und eines älteren Menschen (Lehrer, Eltern).

Gehe folgendermaßen vor:
a) Fertige ein Koordinatensystem an (s. Beispiel)!
b) Bringe am Lautstärkeregler des Frequenzgenerators eine Skala von 1 – 10 an!
c) Miß für die verschiedenen Tonfrequenzen die Lautstärke, bei der die Versuchspersonen die Töne gerade eben hören können, indem Du die Lautstärke langsam steigerst!
d) Trage die Meßwerte in das Koordinatensystem ein und verbinde sie zu einer Kurve! Vergleiche!

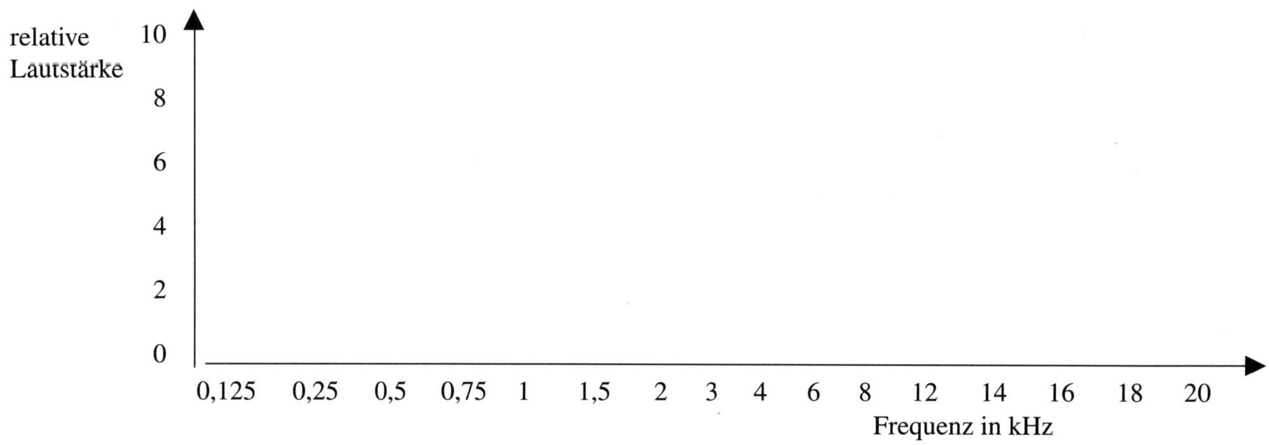


**Aufgabe:**

Fertige ein Versuchsprotokoll an!

| II./M 10 | Schädigung des Innenohrs | Materialgebundene AUFGABE |
|---|---|---|

**Arbeitsmaterial:**

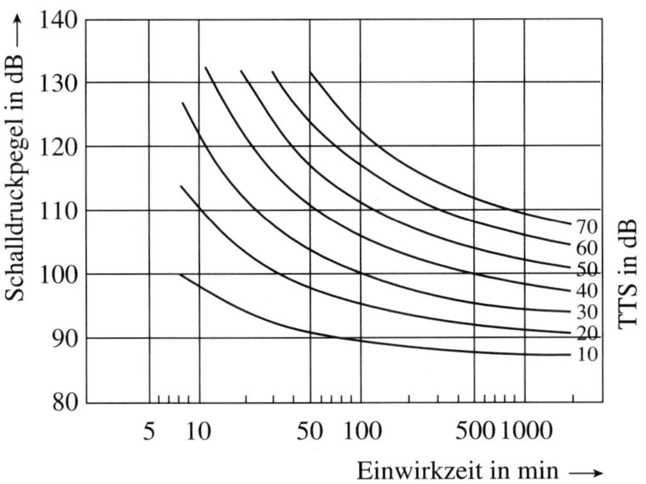


1 Ausbildung einer vorübergehenden Hörschwellenverschiebung (TTS) bei 4000 Hz. Eine Hörschwellenverschiebung von mehr als 40 dB führt zu einer dauerhaften Schädigung des Cortiorgans.

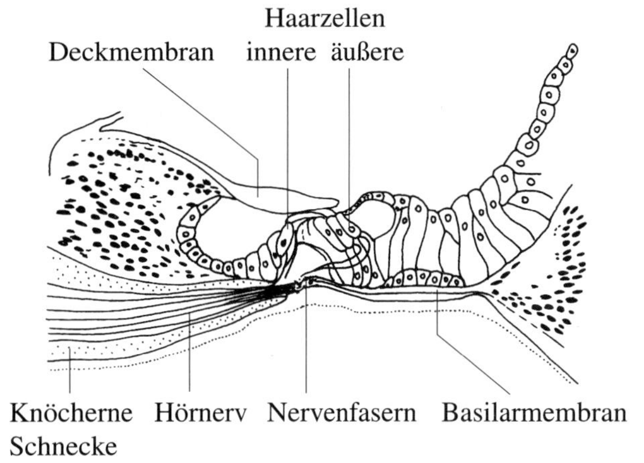


3 Querschnitt durch die Hörschnecke mit gesundem (oben) und durch Lärm zerstörtem Hörorgan (unten)

2 Lautstärkepegel verschiedener Geräusche

| **Geräusche** | **Lautstärke in Phon bzw. dB (A)** |
|---|---|
| mittlere Hörschwelle | 4 |
| Flüstersprache | 10 |
| Umgangssprache | 50 – 70 |
| Straßenlärm | 70 |
| Maschinenraum | 90 |
| Preßluftbohrer (2 m Entfernung) | 100 – 120 |
| Diskothekenlärm | 100 – 125 |
| Düsenflugzeug | 130 |

4

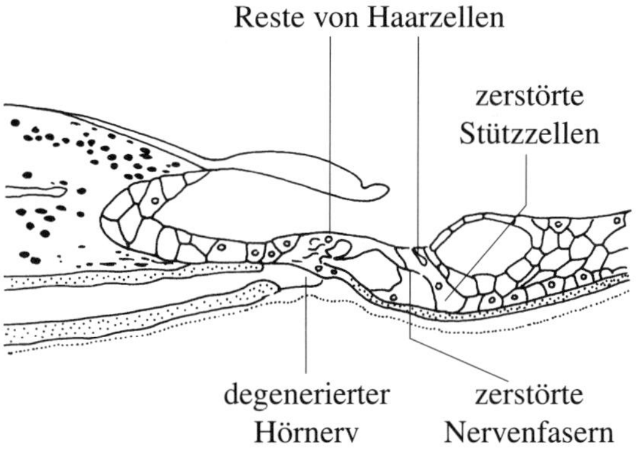


Eine Hörschwellenverschiebung von mehr als 40 dB führt zu einer dauerhaften Schädigung des Cortiorgans.

**Aufgaben:**

a) Ermittle aus Abb. 1 und 2 die Hörschwellenverschiebung für einen dreistündigen Diskothekenbesuch bei Aufenthalt
   1. im Saal (110 dB)
   2. in der Nähe der Bühne (Lautsprecher)!

b) Beschreibe anhand der Materialien 3 und 4 die Folgen für das Gehörorgan des Diskobesuchers!

c) Welche Folgerungen ergeben sich aus diesen Ergebnissen für das Verhalten bei Disko-Besuchen, wenn man auf solche Besuche nicht verzichten möchte?

d) Diskutiere verschiedene Arbeitsplätze unter dem Aspekt des Lärms und seinen gesundheitlichen Folgen!

| II./M 11 | Versuch zum Richtungshören | EXPERIMENT |
|---|---|---|

**Arbeitsmaterial:**

**Versuchsprotokoll**

*Thema:* Richtungshören

*Material:*
- Augenbinde
- Ohropax
- ca. 1 m Laborschlauch
- 2 Haushaltstrichter
- Holzstab

*Vorversuch:*
Die Schüler sitzen im Kreis. In der Mitte sitzt ein(e) Schüler(in) mit verbundenen Augen. Die SchülerInnen machen nacheinander aus unterschiedlichen Richtungen Geräusche. Die Versuchsperson zeigt in Richtung des Geräusches.

*Eigentlicher Versuch:*
Ein Laborschlauch wird an beiden Enden mit einem Trichter versehen. Die Versuchsperson hält beide Trichter an die Ohren, während der Schlauch hinter ihr auf einer weichen Unterlage (sonst hüpft der Schlauch beim Draufschlagen) liegt. Die Mitte des Schlauches wird markiert. Rechts und links dieser Markierung wird eine Zentimetereinteilung angebracht (jeweils 10 cm genügen!) Der Versuchsleiter schlägt mit einem Holzstab in einiger Entfernung rechts und links der Mitte auf den Schlauch. Die Vp. gibt an, ob sie das Geräusch von rechts oder links gehört hat. Die Meßwerte, bei der die Versuchsperson gerade noch sicher unterscheiden kann, ob rechts oder links geklopft wurde, werden in einer Tabelle festgehalten.

**Aufgaben:**

a) Ermittle aus der Wegdifferenz des Schalles die Zeitdifferenz, mit der der Schall an den beiden Ohren eintrifft!

Anleitung:
Der Wert, bei dem die Vp. gerade noch sicher unterscheiden kann, ob rechts oder links der Mitte geklopft wurde, wird verdoppelt (Wegdifferenz des Schalles), und daraus die Laufzeitdifferenz errechnet. (Schallgeschwindigkeit in Luft: 340 m/s)

$$\text{Schallgeschwindigkeit} = \frac{\text{Wegdifferenz}}{\text{Laufzeitdifferenz}}$$

umformen: $$\text{Laufzeitdifferenz} = \frac{\text{Wegdifferenz}}{\text{Schallgeschwindigkeit}}$$

b) Wie funktioniert das Richtungshören?

| II./M 12 | **Verständigung mit Gebärden (I)**<br>(Zeichensprache) | **Materialgebundene AUFGABE** |
|---|---|---|

**Arbeitsmaterial:**

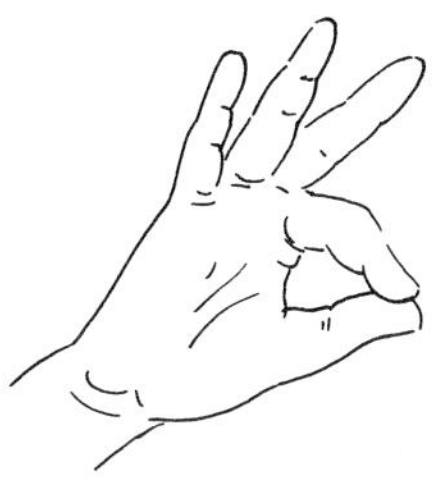

Handform für die Klasse der kleinen, dünnen, leichten Objekte

Handform für die Klasse Fahrzeug

Handform für die Klasse Zweirad-Fahrzeug

Handform für die Klasse der Objekte mit runder, breiter Oberfläche

FRAU

MANN

FAHRRAD

Zweirad FAHREN hinauf

Zweirad STEHEN

AUTO

Fahrzeug FAHREN schnell-in-die-Kurve

Fahrzeug FAHREN hinauf

STEHEN nebeneinander

Fahrzeug SICH-BEFINDEN

VASE

| | | |
|---|---|---|
| **II./M 12** | **Verständigung mit Gebärden (II)**<br>(Zeichensprache) | **Materialgebundene**<br>**AUFGABE** |

KORB

APFEL

rund, breit + viel
SICH-BEFINDEN

BLUMEN

TISCH

KOMMEN

STELLEN

AUTO-NEBEN-FAHREN

RECK-STANGE

Mann HÄNGEN an-Stange

Auto FAHREN durch-Tunnel

**Aufgaben:**

a) Versuche, Deinen Mitschülern mit Hilfe von Gebärden/Zeichen etwas mitzuteilen! Z. B.: Dort steht ein Auto. Ich habe Hunger. Da kommt ein Mann.

b) Auf dem Arbeitsblatt sind einige Zeichen der Gebärdensprache abgebildet. Versuche, Deinen Mitschülern, die dieses Arbeitsblatt ebenfalls haben, mit Hilfe dieser Zeichen etwas mitzuteilen. Achte besonders auf die Handform (obere Zeichenreihe)!

c) Viele Gehörlose können sich untereinander mit dieser Gebärdensprache sehr gut und schnell verständigen. Trotzdem ist sie nur ein sehr unvollkommener Ersatz. Weshalb?

| II./M 13 | Richtungszeigeversuch | EXPERIMENT |
|---|---|---|

**Arbeitsmaterial:**

**Versuchprotokoll**

*Thema:* Versuch zum Drehsinn

*Material:*
- Drehstuhl
- Schwarze Augenbinde
- Ohropax und/oder Schallschutzkopfhörer

*Durchführung:*
Der Versuchsperson werden die Augen gut verbunden; sie darf keinen Lichtschimmer mehr wahrnehmen. Sie sitzt auf dem Drehstuhl so, daß sie keinen Kontakt mit dem Boden hat. Die Vp. soll weder mechanisch, optisch noch akustisch mit der Umwelt in Kontakt stehen, weil sie sonst leicht feststellen kann, ob sie sich gegenüber der Umgebung dreht oder nicht. Nun wird der Vp. erklärt, sie solle den rechten (oder linken) Arm waagerecht nach vorn ausstrecken, sie würde hin und her gedreht werden und solle dabei ihren Arm stets in dieselbe Richtung des Raumes halten, also mit ihm alle aufgezwungenen Richtungsänderungen kompensieren.

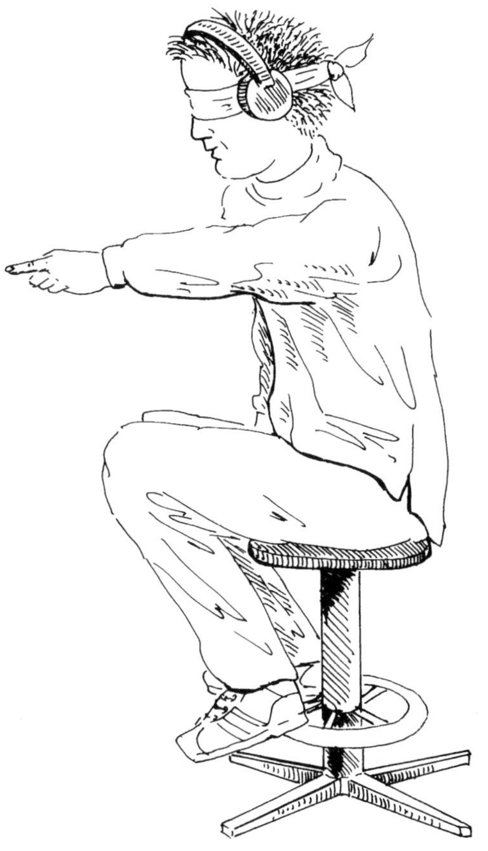

**Achtung wichtig! Die Zuschauer müssen während der folgenden Versuche völlig ruhig sein, damit sich die Versuchsperson nicht anhand von Lautäußerungen oder Geräuschen orientieren kann. Ohropax schließt die Ohren nicht schalldicht ab!**

*Vorversuch:*
Die Vp. wird mit dem Drehstuhl mehrfach rasch hin und her gedreht, aber so, daß sie von der Anfangsstellung aus weder nach rechts noch nach links um mehr als einen rechten Winkel ausgelenkt wird.

*Eigentlicher Versuch:*

Von einer Extremlage aus (rechter Winkel nach rechts oder links) beschleunigt man die Vp. **ganz langsam und gleichmäßig**, so daß sich die Bewegung einschleicht. Ist man so in die Nähe der anderen Extremstellung gekommen, so **bremst** man die Drehung **plötzlich** ab, gibt der Vp. also eine intensive, deutlich wahrnehmbare „negative Drehbeschleunigung“.

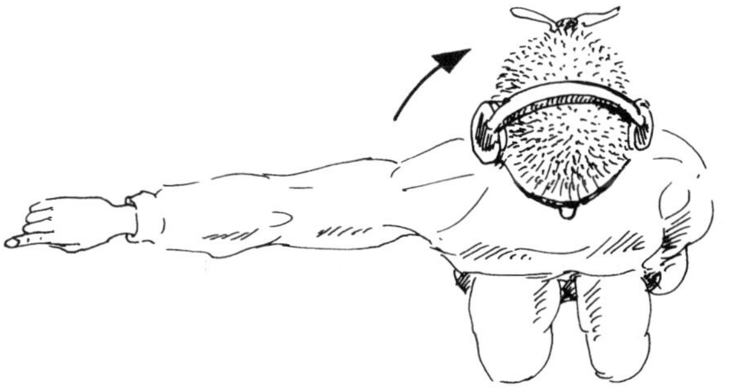

**Aufgabe:**

Protokolliere das Verhalten der Versuchsperson möglichst detailliert!

| II./M 14 | Modellversuch zum Drehsinn | EXPERIMENT |
|---|---|---|

**Arbeitsmaterial:**

**Versuchprotokoll**

*Thema:* Modellversuch zur Funktion des Drehsinns

*Material:*
- Drehschemel
- Große Petrischale
- Filmstreifen

*Durchführung:*
Der Filmstreifen wird mit Klebeband am Rand der Petrischale befestigt. Die Petrischale wird mit Wasser gefüllt und auf den Drehstuhl gestellt. Der Drehstuhl wird in Drehung versetzt.
V 1. Rechtsdrehung; zügig beschleunigen
V 2. Linksdrehung; zügig beschleunigen
V 3. Rechts- oder Linksdrehung; äußerst langsam beschleunigen
V 4. Nach Einstellung einer gleichförmigen Drehbewegung plötzlich abbremsen.

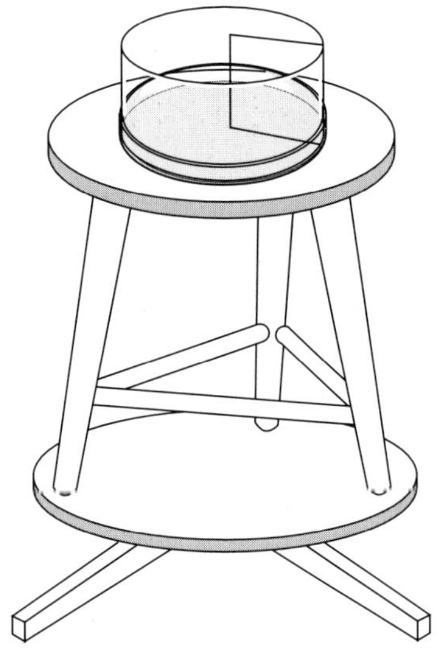

**Aufgaben:**

a) Trage Deine Beobachtungen in die Abbildungsserie 1 ein, indem Du die Drehrichtung und die Ablenkung des Filmstreifens einzeichnest!

V1 V2 V3 V4

b) Übertrage Deine Beobachtungen auf die Vorgänge in den Bogengängen, indem Du die Lage der Cupula einzeichnest! Informiere dich über die Anatomie anhand von Lehrbüchern oder Material II./M15!

V1 V2 V3 V4

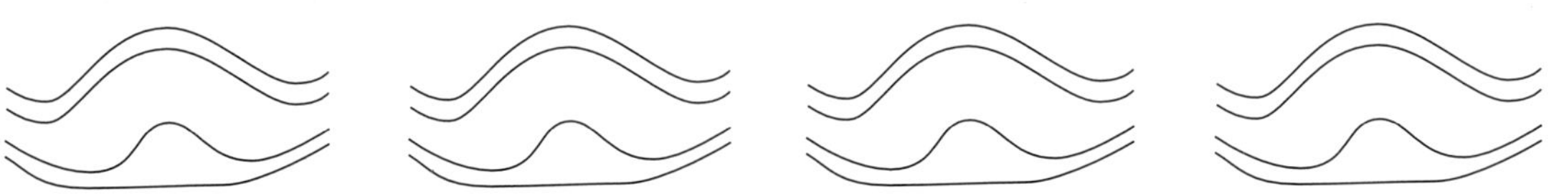

c) Interpretiere den Versuch II./M 13!

| II./M 15 | Dreh- und Lagesinn | Materialgebundene AUFGABE |
|---|---|---|

**Arbeitsmaterial:**

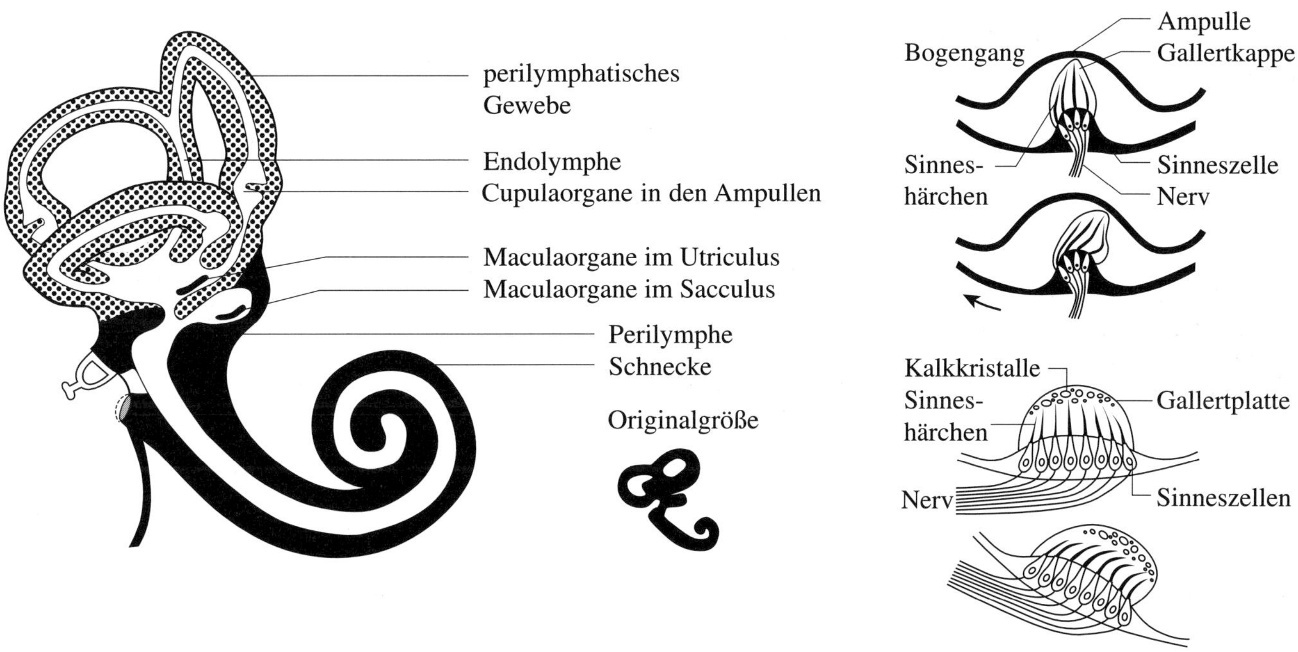


**Versuchsprotokoll**

*Thema:* Modellversuch zum Drehsinn

*Material:*
– ein rohes Ei und ein gekochtes Ei

*Durchführung:*
Ein gekochtes Ei wird auf dem Tisch in Drehung versetzt, mit dem Zeigefinger **kurz** angehalten und dann wieder losgelassen.
Anschließend wird der Versuch mit einem rohen Ei wiederholt.

**Aufgaben:**

a) Erläutere anhand der Abbildungen Bau und Funktion von Dreh- und Lagesinn!
b) Gib Deine Beobachtungen wieder und versuche, das Experiment zu deuten!
c) Erkläre den Zusammenhang zwischen Deinen Beobachtungen und den Vorgängen in den Bogengängen bei Drehbewegungen!

| II./M 16 | Party-Versuch zum Gleichgewichtssinn | EXPERIMENT |
|---|---|---|

**Arbeitsmaterial:**

**Versuchsprotokoll**

*Thema:* Versuch zum Gleichgewichtssinn (Überprüfung der Fahrtüchtigkeit)

*Material:*
- Leere Flasche oder schmaler hoher Behälter
- Raum oder Gang ohne Gegenstände, d. h. ohne Verletzungsgefahr beim Straucheln/Torkeln

*Durchführung:*

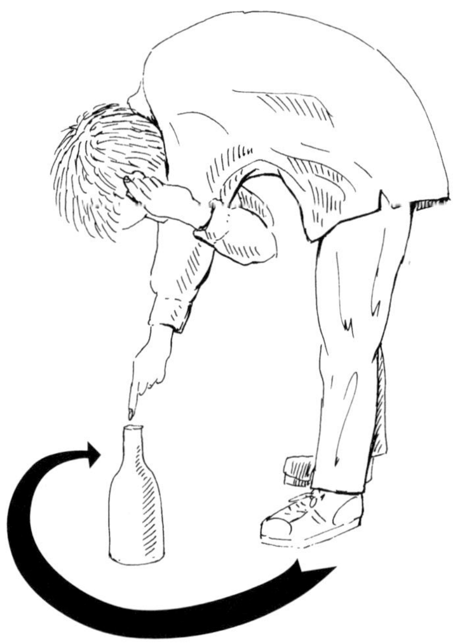

Eine Versuchsperson greift sich mit der linken Hand ans rechte Ohr. Dann streckt sie den rechten Arm zwischen Kopf und Arm durch und zeigt mit dem rechten Zeigefinger auf die am Boden stehende Flasche. Die Vp. muß dazu eine gebückte Haltung einnehmen. Anschließend erhält die Vp. den Auftrag, sich in dieser gebückten Haltung ca. 10 Mal zügig um die Flasche zu drehen. Danach wird die Vp. aufgefordert, sich in Normalhaltung sofort auf direktem Wege in Richtung des ca. 5 m entfernten Versuchsleiters zu begeben.

**Aufgaben:**

a) Protokolliere Deine Beobachtungen!
b) Befrage die Versuchsperson über ihre Empfindungen!
c) Erkläre Deine Beobachtungen!

### II.2.3 Lösungshinweise zu den Aufgaben der Materialien

**II./M 4**

Beobachtung:
Wenn die Luft abgepumpt ist, ist die Klingel nicht mehr zu hören.

Deutung:
Ohne Medium ist eine Schallübertragung nicht möglich. Im üblichen Fall ist Luft das Übertragungsmedium.

**II./M 5**

| | |
|---|---|
| 1. äußeres Ohr | 10. Steigbügel |
| 2. Mittelohr | 11. ovales Fenster |
| 3. Innenohr | 12. rundes Fenster |
| 4. Ohrmuschel | 13. Schnecke |
| 5. äußerer Gehörgang | 14. Ohrtrompete (Eustachische Röhre) |
| 6. Trommelfell | 15. Schneckentor (Helicotrema) |
| 7. Felsenbein | 16. Gehörnerv |
| 8. Hammer | 17. Lage- und Drehsinnesorgan (Bogengänge) |
| 9. Amboß | 18. Nerv des Dreh- und Lagesinnes |

**II./M 6**

Der Schalldruck des ersten Tamburins überträgt sich auf das zweite Tamburin, dessen Trommelfell in Schwingungen gerät und den Schlegel anstößt.

**II./M 7**

a) 1: Deckplatte, 2: Sinneszellen, 3: Basilarmembran, 4: Sinneshärchen
b) Die Abb. M 7.2 zeigt schematisch die Auslenkung der Basilarmembran als Folge der in der Perilymphe der Schnecke durch den Steigbügel ausgelösten sogenannten Wanderwellen. Die Größe der Amplitude entscheidet darüber, wie stark die Haarzellen gereizt werden. Eine Überreizung führt logischerweise zu einer Zerstörung der Haarzellen, wie sie in Material 10 dargestellt ist.

**II./M 8**

b) (siehe II. 1 Sachinformationen „Lautstärke“)
Die auf subjektiver Empfindung von Lautstärke beruhenden Kurven zeigen, daß das Empfinden (gemessen in Phon) keineswegs mit den objektiv meßbaren Werten (gemessen in dB) übereinstimmt. Besonders zu niedrigen Frequenzen hin ist ein höherer Schalldruck erforderlich, um die gleiche Lautstärkeempfindung zu haben. Deshalb neigen viele Leute dazu, die Bässe bei Musikanlagen besonders laut zu stellen. Diese Schwingungen übertragen sich dann entsprechend auf die Räume (Wände, Fußböden) und werden von Nachbarn etc. ausschließlich wahrgenommen.

**II./M 9**

Es ist im allgemeinen mit schulischen Mitteln nicht möglich, ein Audiogramm zu erstellen. Dazu müßte man sich an einen Hörgeräteakustiker wenden, was im übrigen häufig auf sehr viel Entgegenkommen stößt.
Der Vergleich jüngere/ältere Menschen führt jedoch schon zu erstaunlichen Ergebnissen. Während Schüler oft noch Frequenzen von19 kHz wahrnehmen können, liegt bei Lehrern je nach Alter diese Grenze bei 12 kHz bis 16 kHz. Bei tiefen Frequenzen ergeben sich keine Unterschiede. Bei der vorgeschlagenen Untersuchung der Hörschwelle ergeben sich signifikante Unterschiede zwischen jüngeren und älteren Personen, aber teilweise auch innerhalb der Schülerschaft. Hier kann erhebliche Betroffenheit erzeugt werden.

**II./M 10**

Die Auswertung ergibt, daß bei einem dreistündigen Diskothekenbesuch mit bleibenden Gehörschäden zu rechnen ist. Bei besonders lauten Musikdarbietungen oder in der Nähe von Lautsprechern ist auch bei deutlich kürzerer Einwirkzeit schon mit Dauerschäden zu rechnen.

**II./M 11**

Das Ohr registriert den Laufzeitunterschied des Schalls zwischen beiden Ohren. Im allgemeinen ergibt der Versuch, daß bei einem Wegunterschied von 2cm – 4cm eindeutig zwischen rechts und links unterschieden werden kann. Bei einer Schallgeschwindigkeit in Luft von 340 m/s ergibt das einen Laufzeitunterschied von ca. $10^{-4}$ bis $10^{-5}$ Sekunden.

**II./M 12**

Die Schüler arbeiten zunächst mit selbstentwickelten Zeichen. Manche davon sind den Zeichen der Gebärdensprache sehr ähnlich. Es zeigt sich sehr bald die Grenze dieses Verfahrens. Der Lehrer muß anhand der oberen Zeichenreihe das Prinzip erläutern: Einteilung der Gegenstände in Klassen. Ein weiteres Prinzip ist die Wiederholung bei mehreren gleichen Gegenständen, z. B. „viele Fahrzeuge nebeneinander“ oder „viele runde breite Gegenstände (Handhaltung beachten) befinden sich“. Die Schüler lernen sehr schnell, diese Prinzipien auf die vorgegebenen Zeichen und auf selbstentwickelte Zeichen anzuwenden.
Zu c): Die Gehörlosen können miteinander kommunizieren, bleiben jedoch als Gruppe meistens isoliert.

**II./M 13**

Ergebnis des Vorversuchs:
Wenn die Beschleunigungen stets stark genug sind, wird es der Vp. stets gut gelingen, den Arm still im Raum stehen zu lassen, indem sie mit ihm jede Bewegung kompensiert.

Ergebnis des eigentlichen Versuches:
Die Vp. bemerkt die langsame und gleichmäßige Drehbewegung nicht. Sie kompensiert daher die Drehbewegung mit ihrem Arm nicht oder nur teilweise.
Nach dem plötzlichen Abbremsen bewegt die Vp. mit gleichbleibender Winkelgeschwindigkeit ihren Arm in Richtung der „eingeschlichenen" Drehbewegung weiter. Dabei kann sie in die Situation kommen, nach hinten zeigen zu müssen. (Die Beobachter müssen in dieser Phase des Versuches besonders ruhig sein!)
Nach Beendigung des Versuches wird die Vp. gefragt, was sie während des Versuches wahrgenommen habe. Sie wird antworten, sie sei gewiß gewesen, daß man sie gleichmäßig gedreht habe, während sie in Wirklichkeit stillstand.

Deutung:
Die Bogengänge sprechen nicht auf gleichmäßige Bewegungen, sondern nur auf **Drehbeschleunigungen** an. Die Endolymphe bleibt bei Drehbeschleunigungen infolge ihrer Massenträgheit gegenüber der Bewegung des Bogenganges zurück, dadurch wird die Cupula in der Ampulle abgebogen: Die Vp. kann wie im Vorversuch gezeigt aus diesen Sinnesmeldungen eine Orientierung im Raum ableiten.
Im eigentlichen Versuch war die Drehbeschleunigung so gering, daß die Endolymphe keine Relativbewegung ausführte, sondern mit den Bogengängen mitgeführt wurde: Die Vp. erhielt also keine Meldungen über die Beschleunigung und glaubte sich in Ruhe zu befinden. Das ZNS war also nicht informiert und hatte somit auch keinen Anlaß für ein Kommando an den Arm, seine Richtung zu ändern.
Beim plötzlichen Abbremsen fließt die Endolymphe infolge ihrer Trägheit zunächst in der alten Drehbewegung weiter und biegt die Cupula ab. Da das ZNS über die Bewegung vorher nicht informiert war, interpretiert es diesen Reiz als Beginn einer Bewegung und sendet entsprechende Kommandos an den Arm, die vermeintliche Bewegung zu kompensieren.
Quelle: *B. Hassenstein*: Biol. Kybernetik Quelle und Meyer

**II./M 14**

Beobachtung:
a) Beschleunigung: Auslenkung des Filmstreifens entgegengesetzt der Drehrichtung;
b) gleichförmige Drehbewegung: keine Auslenkung des Filmstreifens

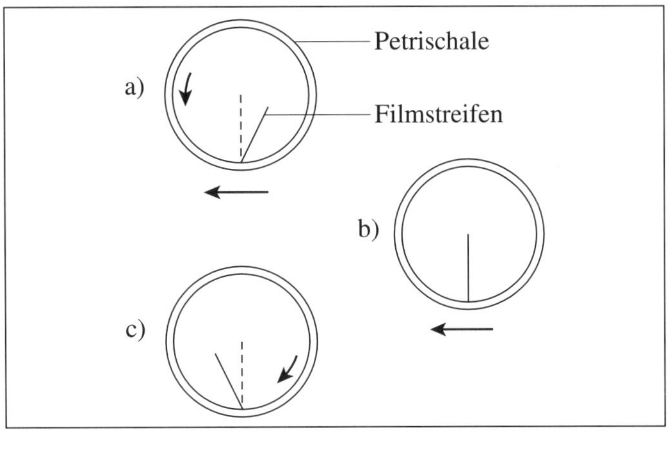


c) plötzlicher Halt: Auslenkung des Filmstreifens in Drehrichtung.

Deutung:
Bei Drehbeschleunigungen bleibt die Flüssigkeit entsprechend ihrer Massenträgheit zunächst in Ruhe, während die Schale gedreht wird. Dies führt zu einer Relativbewegung der Flüssigkeit in der der Drehung entgegengesetzten Richtung und damit zur Auslenkung des Filmstreifens (s. o.).
Während der gleichförmigen Drehbewegung kehrt der Filmstreifen langsam in die Ruhelage zurück, da die anfänglich ruhende Flüssigkeit wegen der Reibung an der Gefäßwand allmählich von der Drehbewegung erfaßt wird und schließlich keine Differenz mehr zwischen der Bewegung der Schale und der Bewegung der Flüssigkeit besteht. Es existieren dann keine Kräfte mehr, die den Filmstreifen aus der Ruhelage auslenken (s. o.).
Ein plötzlicher Halt führt zur Auslenkung des Filmstreifens in die der Drehung entgegengesetzte Richtung, da die Flüssigkeit aufgrund ihrer Massenträgheit in Drehrichtung weiterströmt (s. o.).

**II./M 15**

a), b), c), s. M13

Beobachtung:
Das gekochte Ei bleibt ruhig auf dem Tisch liegen. Das rohe Ei dreht sich ein kleines Stück weiter.

Deutung:
Das Eiklar des rohen Eies dreht sich aufgrund seiner Trägkeit nach dem Anhalten des Eies weiter und zieht nach dem erneuten Loslassen des Eies dasselbe mit sich. Beim Anhalten des Eies verhält sich das Eiklar also ähnlich wie die Perilymphe in den Bogengängen.

**II./M 16**

Beobachtung:
Die Vp. richtet sich nicht senkrecht auf, sondern versucht, seitlich geneigt den Versuchsleiter zu erreichen. Dabei torkelt sie seitlich. In manchen Fällen muß sie aufgefangen werden!

Deutung:
In dem Versuch verliert die Vp. das Gefühl für die Vertikale. Die während der Drehung in gebeugter Haltung auf Sacculus und Utriculus wirkenden Reize werden während der Drehung immer weniger wahrgenommen, d.h. die schiefe Haltung wird nach und nach nicht mehr als schief, sondern als normal, d.h. vertikal interpretiert. Richtet sich die Vp. anschließend auf, dann führt diese Fehlinterpretation dazu, daß sie versucht, in schiefer Lage geradeaus zu gehen, was ihr natürlich nicht gelingt. Dieser Versuch wird auf Parties gelegentlich als Alkoholtest durchgeführt, hat damit aber nur insofern zu tun, daß der Effekt nach Alkoholgenuß stärker wird.

## II.3 Medieninformation

### II.3.1 Audiovisuelle Medien

**FWU-Diareihe 10 00397:** Sinnesorgane, 8 B, f

Annotation: *Die Diareihe hat einführenden Charakter. Sie berücksichtigt in ihrer Darstellung Auge, Ohr, Nase und Zunge.*

**FWU-Diareihe 10 00404:** Nerven und Sinnesorgane, 13 B, f

Annotation: *In Mikroaufnahmen werden die auf Sinneswahrnehmung spezialisierten Zellen des Tast- und Geschmackssinns sowie die funktionell wichtigsten Gewebe des menschlichen Auges und Ohres gezeigt und ihr Zusammenhang mit dem Zentralen Nervensystem verdeutlicht.*

**FWU-Diareihe 10 03133:** Das Ohr, 12 B, f

Annotation: *Die Diareihe vermittelt einfache Kenntnisse über Aufgaben und Schutz der Ohren. Sie soll Kinder anregen, über Schutzmaßnahmen und Möglichkeiten zur Vermeidung von Lärm zu sprechen.*

**FWU- Film 32 00544:** Wie wir hören, 8 min, sw

Annotation: *In Trickaufnahmen werden Aufbau und Funktion des Ohres gezeigt, wobei nacheinander Trommelfell, Gehörknöchelchen (auch in Realbildern) und die Schnecke mit dem Cortischen Organ und anderen Einzelheiten in ihrer Bedeutung für den Hörvorgang vorgeführt werden. Außerdem behandelt der Film die Hörschäden und deren Ursachen.*

**Klett-Film 36 00023:** Schallübertragung im Mittelohr, 2 min, sw

Annotation: *Im Trick werden Aufbau und Funktion des Ohres gezeigt, wobei Trommelfell, Gehörknöchelchen und die Schnecke mit dem Cortischen Organ in ihrer Bedeutung für das Hören erläutert werden. Dazu Hinweise auf Ohrenerkrankungen.*

**Klett-Film 36 00228:** Funktion des Innenohres – Schweresinn, 3 min, sw

Annotation: *Das gesamte Ohr wird in einem Übersichtsschnitt gezeigt. Die anschließende Vergrößerung konzentriert sich auf das Innenohr mit Ausschnitten aus dem Utriculus. Zu erkennen sind die Elemente des Schweresinnesorgans, wie die Statolithen und deren Funktion.*

**Klett-Film 36 00229:** Funktion des Innenohres – Drehsinn, 3 min, sw

Annotation: *Einer Übersicht des Innenohres folgen Bilder und Erläuterungen der Schnecke. Die Reaktionen auf Töne unterschiedlicher Höhe sind zu beobachten: Bewegung der Perilymphe, Reizung der Sinneshärchen und Erregung der Nervenfasern.*

**FWU-Film 42 01183:** Vom Reiz der Sinne – Hören und Tasten, 21 min, f

Annotation: *Der Film verdeutlicht die Arbeitsweise des mechanischen Sinnes und, als Folge mechanischer Reize, die Entstehung von Nervenimpulsen, die von den Sinneszellen zum Gehirn weitergeleitet werden. Er zeigt auf, wie das menschliche Ohr aufgebaut ist, wie der Schall bis zu den Sinneszellen gelangt und warum der Mensch verschiedene Töne zu unterscheiden vermag. Beispiele aus der Tierwelt unterstützen die Erkenntnisse; moderne Hörgeräte werden vorgestellt.*

**Klett-Film 75183:** Sinnesorgan Ohr, 19 min, f

Annotation: *Das Video macht die Bedeutung des Sinnesorgans Ohr für den Menschen deutlich: Es ist das Sinnesorgan, mit dem wir Geräusche, Töne und Klänge unserer Umwelt wahrnehmen können und ein Kontrollorgan unseres Sprechens und unserer Sprache.*
*Im Abschnitt Schall als Erscheinung werden Grundbegriffe aus der Akustik erklärt. Die Abschnitte „Schall wird umgewandelt“ und „Schall wird wahrgenommen“ machen die Anatomie, Physiologie und Funktion der drei Bereiche des Ohres – äußeres Ohr, Mittelohr, Innenohr – mit aufwendigen Real- und Trickaufnahmen deutlich. Der fünfte Abschnitt zeigt Aufbau und Funktion des Dreh- und Lagesinnes.*

*Hinweis des Klett-Verlages:*
siehe I.3.1 (S.40)

### II.3.2 Zeitschriften

**Borg, E.; Counter, S. A.:** Die Muskeln des Mittelohres als Schalldämpfer.
Spektr. d. Wiss. 10/1989, S. 128-134

Anmerkung: *Eine detaillierte Darstellung der Funktionen im Mittelohr. Hammermuskel und Steigbügel kontrahieren reflexartig, sobald ein Mensch selber spricht oder Lärm ausgesetzt ist. Dieses stellt einen Selbstschutz des Ohres dar, der allerdings bei plötzlichen Geräuschen (Knall), die in der Natur nicht vorkommen, nicht funktioniert. Eventuell geeignet als Einstieg in die Problematik des Zivilisationslärms.*

**Loeb, Gerald E.:** Innenohr–Prothesen.
Spektr. d. Wiss. 4/1985, S. 104-110

Anmerkung: *Innenohr-Prothesen werden heutzutage sehr häufig eingesetzt. Der vorliegende Artikel ist zwar erst 10 Jahre alt, die inzwischen erzielten Fortschritte auf diesem Gebiet sind jedoch enorm. Dennoch lohnt sich dieser Artikel, weil er anhand übersichtlicher Abbildungen die Problematik treffend darstellt.*

**Parker, D. E.:** Gleichgewichts- und Orientierungssinn.
Spektr. d. Wiss. 1/1981, S. 36-47

Anmerkung: *Neben einer detaillierten Darstellung der Funktion von Gleichgewichts- und Orientierungssinn, vor allem auch sehr guter Abbildungen, werden Beobachtungen (z. B. an Säuglingen) und Experimente (z. B. Drehschemel; Raumfahrt) genannt, die auf die Funktionsweise dieser Organe schließen lassen. Teilweise lassen sich diese Experimente auch im Unterricht durchführen (s. Materialien) oder wenigstens besprechen.*

**Gehör und Gleichgewicht;** Themenheft „Unterricht Biologie“, Heft 157, 1990 Velber Verlag, Seelze 6

Anmerkung: *Das Heft enthält einen ausführlichen Basisartikel sowie nach Schulstufen geordnete Unterrichtsmodelle, u. a. „Fehlhörigkeit bei Schulkindern“ und „Unser Ohr“, letzterer mit vielen einfachen Experimenten.*

**Lärm;** Themenheft „Unterricht Biologie“, Heft 70, 1982

Anmerkung: *Das Heft enthält Unterrichtsmaterial für alle Schulstufen. Zahlreiche Sachinformationen zum Lärm und zu Gehörschäden werden in sehr übersichtlichen Abbildungen und Tabellen dargestellt. Als Materialquelle für den Lehrer sehr zu empfehlen.*

### II. 3. 3 Bücher

**Boyes Beam, Penny:** Einführung in die Gebärdensprache und ihre Erforschung, Signam Verlag, Hamburg 1990

*Anmerkung: Das Buch liefert eine ausführliche Erörterung der Problematik der Gebärdensprache. Die Grundzüge und Prinzipien der G. werden anhand zahlreicher Abbildungen erklärt. (s. Material II./2)*

**Thews, G.; Mutschler, E.; Vaupel, P.:** Anatomie, Physiologie, Pathophysiologie des Menschen, Wissenschaftl. Verlagsgesellschaft, Stuttgart 1989

*Anmerkung: Das Buch bietet in übersichtlicher Form Grundlagenwissen, das durch verständliche Texte und gute Abbildungen vermittelt wird. Es kann jedem Biologielehrer empfohlen werden.*

# III. Unterrichtseinheit (UE): Die Sinne der Haut

**Lernvoraussetzungen:**

Keine

**Gliederung:**

Die Pfeile geben die hier vorgeschlagene Unterrichtssequenz inhaltlicher Schwerpunkte dieser Unterrichtseinheit an. Es sind aber auch andere Sequenzen denkbar.

1. Der Bau der Haut

↓

2. Die Haut – Tastsinn

↓

3. Die Haut – Temperatursinn

↓

4. Schutzfunktion und Pflege der Haut

**Zeitplan:**

Für diese Unterrichtseinheit muß man 5 Unterrichtsstunden veranschlagen.

## III.1 Sachinformation

### Akne:
Erkrankungen der Talgdrüsenfollikel; ist der Talgabfluß bei gleichzeitiger starker Talkproduktion durch eine follikuläre Verhornungsstörung unterbrochen, entsteht als primäre Hautveränderung der Mitesser; später treten Papeln, Pusteln und Knoten hinzu. Die Veranlagung zur Akne ist erblich, zusätzliche Faktoren spielen jedoch bei der Manifestation eine erhebliche Rolle. So wird durch Androgene die Wucherung des Talgdrüsenfollikelepithels gesteigert, durch Oestrogene gehemmt. Weiterhin sind Bakterien an einer Entstehung der Akne beteiligt, da bakterielle Stoffwechselprodukte die Bildung von Mitessern und deren entzündliche Umwandlung fördern. Die mit der Pubertät beginnende Acne vulgaris bessert sich in der Regel spontan im 3. Lebensjahrzehnt.

### Differentialrezeptoren:
Rezeptoren, die aufgrund ihrer Adaptationsfähigkeit vorrangig für die Registrierung der Änderungsgeschwindigkeit eines Reizes eingerichtet sind.

### Haut, Aufbau (siehe auch Material III./M10):
Die Haut besteht aus der Epidermis (Oberhaut), dem Korium (Lederhaut) und der Subkutis (Unterhautgewebe).
Von außen nach innen lassen sich in der Epidermis die Hornschicht und die Keimschicht unterscheiden. Die Hornschicht besteht aus abgeplatteten, vollständig verhornten, kernlosen Zellen, die an der Oberfläche ständig in Form kleiner Schuppen abschilfern. Die Regeneration der Epidermis erfolgt in der Keimschicht. Diese spielt außerdem eine entscheidende Rolle bei der Synthese und Speicherung des Hautpigments Melanin.
Die Lederhaut besteht aus Kollagenfaserbündeln, zwischen denen elastische Fasern liegen, die die Elastizität der Haut gewährleisten. Die der Oberhaut zugewandte Seite der Lederhaut trägt zapfen-, warzen-, blatt- oder leistenartige Vorsprünge, die Papillen, in denen man Kapillarschlingen und Nervenfasern mit ihren rezeptorischen Endapparaten findet.
Die Lederhaut geht ohne scharfe Grenze in die Unterhaut über, in die Fettgewebe eingelagert ist. Das Unterhautfettgewebe dient vor allem dem Kälteschutz und stellt außerdem einen Energiespeicher dar.

### Hautkrebs:
Je nach Einwirkzeit der UV-B-Strahlung kann es im Extremfall zu Hautkrebs kommen. Vor allem hellhäutige Menschen sind für Hautkrebserkrankungen anfälliger als dunkelhäutige.
Dabei ist die Frage, inwieweit sich die Abnahme des stratosphärischen Ozons und damit eine erhöhte UV-B-Strahlung auf die Melanomrate auswirkt, von besonderer Wichtigkeit, denn jede zweite Hautveränderung bei Melanomen entartet zum bösartigen Hautkrebs. Besonders gefährlich ist dabei der „schwarze Krebs“, das maligne Melanom.
Die Häufigkeit von Hautkrebserkrankungen hat weltweit stark zugenommen. Allerdings muß die Zunahme der Hautkrebserkrankungen auch auf das Freizeitverhalten vieler Menschen zurückgeführt werden. Bei ausgedehntem Sonnenbaden, Surfen und ähnlichen sportlichen Aktivitäten setzen sie sich erheblich länger der Sonne und den damit verbundenen Krankheitsrisiken aus.

### Malignes Melanom:
Es handelt sich um einen bösartigen Tumor der pigmentbildenden Zellen der Epidermis mit der Neigung, Metastasen an anderen Stellen des Organismus zu setzen. Das Wachstum des malignen Melanoms geht meist in zwei Phasen vor sich: zunächst horizontales Wachstum in der Epidermis mit der Vermehrung der Melanozyten, die atypisch geformt sind und atypische Zellkerne aufweisen; mit Einwachsen in das Korium beginnt die vertikale, aggressive Wachstumsphase.
Für die Entstehung von Melanomen muß die UV-Strahlung als wichtiger Risikofaktor angesehen werden. Insbesondere die intermittierende Sonnenbestrahlung ohne schrittweise Gewöhnung (Freizeit, Urlaub) spielt hier eine wichtige Rolle. Das Risiko, an einem Melanom zu erkranken, nimmt bei hellhäutigen Menschen mit der Zahl der erlittenen Sonnenbrände zu.
Die frühzeitige Entfernung von Melanomen ist von außerordentlicher Bedeutung: Beschränkt sich das Melanom nur auf die Epidermis und wird in diesem Stadium total entfernt, so ist die Überlebensrate nach 5 und auch nach 10 Jahren gleich 100%. Mit Fortschreiten des Melanoms wird die Prognose drastisch schlechter.
Entgegen den weit verbreiteten Schönheitsidealen sollte die UV-Strahlenbelastung begrenzt werden. Dies betrifft sowohl die UV-Belastung durch die Sonne als auch die Bestrahlung mit künstlichen UV-Quellen zu kosmetischen Zwecken.

### Proportionalrezeptoren:
Rezeptoren, die hauptsächlich die Intensität eines Reizes registrieren und damit das Zentralnervensystem über Dauerzustände informieren.

### Schmerz:
Schmerz ist ein unangenehmes Sinnes- und Gefühlserlebnis, das in der Regel durch eine Gewebeschädigung ausgelöst wird. Schmerz kann allerdings auch auftreten, wenn Körpergewebe lediglich stark gereizt werden, ohne daß dabei Gewebeschäden entstehen.
Der Schmerz läßt sich nach seinem jeweiligen Entstehungsort in den *somatischen* und den *viszeralen* Schmerz einteilen. Von somatischem Schmerz spricht man dann, wenn die Schmerzempfindung von der Haut, den Muskeln, den Knochen oder dem Bindegewebe ausgeht. Ist der Reiz in der Haut lokalisiert, so bezeichnet man die dadurch ausgelöste Empfindung als Oberflächenschmerz.
Der Oberflächenschmerz ist gut lokalisierbar und klingt nach Aufhören des Reizes schnell ab. Diesem ersten Schmerz folgt oft, insbesondere bei hohen Reizintensitäten, nach kurzer Pause ein zweiter Schmerz, der schwer zu lokalisieren ist und langsam abklingt.
Im Gegensatz zu anderen Sinnesempfindungen läßt sich der Schmerz schwer quantifizieren, weil die subjektive Komponente das Ergebnis erheblich beeinflußt.
Nach heutiger Kenntnis wird der Schmerzreiz von streng spezifischen Rezeptoren (Notzizeptoren) registriert. Dabei handelt es sich wohl um freie Nervenendigungen. Die Nozizeptoren in der Haut des Menschen können sowohl durch mechanische Reize (Nadelstich, Quetschungen, ...) als auch durch thermische (Hitze, Kälte) und chemische Reize (z. B. Säure) erregt werden. Der adäquate Reiz für eine Schmerzauslösung ist eine Gewebeschädigung oder eine Störung des Gewebestoffwechsels. Dabei werden bestimmte körpereigene Substanzen aus den geschädigten Zellen freigesetzt, die zu einer Erregung der Schmerzrezeptoren führen.
Die Haut ist für Schmerzreize ebenso wie für Druck- und Temperaturreize nicht überall gleich empfindlich; die Reizaufnahme ist auf ganz bestimmte Punkte beschränkt, wobei die Dichte der Schmerzpunkte etwa neunmal größer ist als die der Druckpunkte oder der Kalt- und Warmpunkte.

### Schuppenflechte (Psoriasis vulgaris):
Multifaktorielles Erbleiden, das zusätzlich von Umweltfaktoren wesentlich beeinflußt wird. Als primäre Hautveränderungen treten in der Regel schubweise rote, mit weißlichen Schuppen bedeckte Flecke auf, die sich vergrößern und zusammenfließen, während gleichzeitig neue Herde hervortreten. Beim Versuch, die Schuppen zu entfernen, kommt es zu einer punktförmigen Blutung. Besonders häufig sind die Ellenbogen, die Streckseiten der Knie, der behaarte Kopf sowie die Nägel befallen.

### Schutzfunktion:
Die Haut ist ein lebenswichtiges Organ, das die äußere Oberfläche des Organismus und damit die Schranke zwischen Umwelt und innerem Milieu bildet. Die Haut
- schützt die Gewebe gegen mechanische, chemische oder physikalische Schädigungen sowie gegen das Eindringen von Mikroorganismen;
- verhindert eine zu starke Austrocknung, läßt andererseits aber eine gewisse physiologische Wasserverdunstung zu;
- wirkt durch Verengung oder Erweiterung der Hautgefäße sowie durch Verdunstung des Schweißes als Wärmeregulator.

### Tastsinn

#### – Berührungsempfindung:
Tritt auf bei schwacher mechanischer Reizung der Haut;
Berührungsrezeptoren der unbehaarten Haut sind die Meißnerschen Tastkörperchen in der Lederhaut, in größerer Dichte am Handteller und an der Fußsohle;
Berührungsrezeptoren der behaarten Haut sind die Nervengeflechte der Haarscheiden, deren afferente Nervenfasern ringförmig die Haarwurzeln umspinnen;
Berührungsrezeptoren adaptieren mittelschnell; sie übermitteln in erster Linie Informationen über zeitliche Änderungen eines Reizes (Differentialrezeptoren)

#### – Tastsinn:
Tritt auf bei stärkerer mechanischer Reizung der Haut; Druckrezeptoren in der behaarten und unbehaarten Haut sind die Merkel-Zellen; in der unbehaarten Haut liegen sie gruppenweise in den basalen Schichten der Epidermis, in der behaarten Haut ragen sie in Form von sog. Tastscheiben punktförmig über die Hautoberfläche hervor;
Merkel-Zellen adaptieren bei Druckreizen nur langsam; die Entladungsfrequenz der Rezeptoren ist proportional der Reizintensität (Proportionalrezeptoren);
weitere langsam adaptierende Druckrezeptoren in der behaarten Haut sind die Ruffini-Körperchen;

Berührungs- und Druckempfindungen lassen sich nur an bestimmten Punkten der Haut, an den sog. Tastpunkten auslösen. Diese kommen an den Fingerspitzen und an den Lippen sehr zahlreich, am Stamm relativ selten vor. Entsprechend sind die kleinsten Abstände, in denen zwei Reize gerade noch als getrennt empfunden werden, unterschiedlich groß.

### – Vibrationsempfindung:

Tritt auf bei periodischer Erschütterung der Haut; Rezeptoren sind die Vater-Pacinischen Lamellenkörperchen der Subkutis (schnell adaptierende Beschleunigungsrezeptoren).

### – Kitzelempfindung:

Wird durch schwache Berührungsreize ausgelöst; Reizaufnahme vermutlich durch mechanosensible freie Nervenendigungen in der Haut.

### Temperaturempfindung (Warm- und Kaltempfindung):

Anhaltende Warmempfindung bei Hauttemperaturen über 40 °C, anhaltende Kaltempfindung bei Hauttemperaturen unter 20 °C; im dazwischenliegenden Temperaturbereich werden lediglich Temperaturänderungen wahrgenommen.
Für das Auftreten einer Warm- und Kaltempfindung sind neben dem Ausmaß der Temperaturänderung auch die Größe der Reizfläche, die Geschwindigkeit der Temperaturänderung und die Ausgangstemperatur von Bedeutung. Langsame Abkühlung oder Erwärmung der Haut führen erst nach längerer Zeit zu einer Temperaturempfindung. Die Kaltempfindung tritt um so schneller ein, je tiefer die Ausgangstemperatur ist. Ebenso wird der Wärmereiz um so schneller wahrgenommen, je höher die Ausgangstemperatur ist.
Kalt- und Warmrezeptoren sind wahrscheinlich freie Nervenendigungen, wobei die Kaltrezeptoren vor allem in der Epidermis (Oberhaut), die Warmrezeptoren im Korium (Lederhaut) liegen.
Bringt man punktförmige Wärme- oder Kältereize auf die Haut, beobachtet man nur an bestimmten Punkten eine Temperaturempfindung. Diese Punkte sind von der Lage der Rezeptoren abhängig. Kaltpunkte sind dabei wesentlich zahlreicher als Warmpunkte.

### Verbrennung:

Ein durch Einwirkung höherer Temperaturen ausgelöster Gewebeschaden; Umfang und Ausmaß des Hitzeschadens hängen von der Temperaturhöhe und der Einwirkungsdauer ab.
Verbrennung 1. Grades: Rötung und leichte Schwellung der Haut im Einwirkungsbereich, die mit einem Spannungsgefühl und Schmerzen verbunden ist;
Verbrennung 2. Grades: Blasenbildung; unter der Hitzeeinwirkung werden Zellen geschädigt bzw. zerstört und dabei Entzündungsstoffe freigesetzt. Diese Substanzen erhöhen die Gefäßdurchlässigkeit und fördern damit den Austritt von Plasma in das Gewebe. Übersteigt der Druck des ausgetretenen Plasmas ein bestimmtes Maß, so werden die Protoplasmabrücken zwischen einzelnen Zellen der Epidermis zerrissen, und es entsteht eine Blase.
Verbrennung 3. Grades: führt zu einer bleibenden Schädigung der Haut und sämtlicher Hautanhangsgebilde. Die durch die hohen Hitzegrade ausgelöste Eiweißdenaturierung und der Gewebetod reichen bis in das Korium, die Subkutis und noch tiefer.
Verbrennung 4. Grades: Verkohlung; die Gewebe sind durch stärkste Hitzeeinwirkung schwarz verkohlt.

## III.2 Informationen zur Unterrichtspraxis

### III.2.1 Einstiegsmöglichkeiten

| Einstiegsmöglichkeiten | Medien |
|---|---|
| **A.** | |
| ■ L projiziert oder verteilt Zeitungs-/Zeitschriftenartikel über die Bedeutung der Haut bei Sozialkontakten (z. B. Werbung für Hautpflegemittel, Bedeutung des Hautkontaktes für Kleinkinder; Bedeutung des Hautkontaktes für Partnerbeziehungen)<br>▶ **Problemfrage:** Wieso führt Hautkontakt zu verschiedenen Empfindungen? | ■ Material III./M2 (Materialgebundene Aufgabe): Sozialkontakte über die Haut |
| **B.** | |
| ■ L holt abwechselnd eine Schülerin (einen Schüler) nach vorn, verbindet die Augen und führt folgende Versuche durch:<br>1) Drücken einer Bleistiftspitze auf den Handrücken;<br>2) Tauchen eines Fingers in kaltes bzw. warmes Wasser;<br>3) Streicheln des Handrückens mit einer Feder;<br>4) kurzzeitiges Umhüllen einer Hand mit Kunststofftüte<br>▶ **Problemfrage:** Wie kann die Haut auf verschiedene Reize reagieren? | |
| ***Unterrichtliche Anmerkung:*** *Diese Einstiege sollen zu der Erkenntnis führen, daß die Haut über eine Fülle von Empfindungsmöglichkeiten verfügt. Sie führen also direkt zum Thema der UE.* | |

### III.2.2 Erarbeitungsmöglichkeiten

| Erarbeitungsschritte | Medien |
| --- | --- |
| **A./B.1 Der Bau der Haut** | |
| ■ L projiziert Blockdiagramm (Material III./M 1) der Haut<br>■ L-Impuls: „Die Abbildung zeigt ein Blockdiagramm der Haut. Beschreibt, welche Strukturen Ihr kennt!"<br>■ SuS beschreiben den Aufbau der Haut, soweit es ihnen möglich ist. Die Ziffern der erkannten Strukturen werden in die Abbildung eingetragen.<br>■ Hausaufgabe: Vervollständigen des Arbeitsblattes anhand geeigneter Literatur<br>■ Unterrichtsgespräch: Besprechung der Hausaufgabe mit besonderem Hinweis auf Druck- und Schmerzrezeptoren | ■ Material III./M 1 (Materialgebundene Aufgabe): Schichtenbau der Haut; |
| **A./B.2 Die Haut – Tastsinn** | |
| ■ L verteilt Versuchsanleitungen und Experimentiermaterial. | ■ Material III./M 3 (Experiment): Erkennen von Blindenschrift oder<br>■ Material III./M 4 (Experiment): Ertasten und Erfühlen mit verbundenen Augen |
| ■ SuS führen Experiment(e) durch (Material III./M 3 oder Material III./M 4)<br>■ L-Impuls: „Weshalb ertastet man die Blindenschrift bzw. die Gegenstände mit den Fingerkuppen und nicht mit der Handfläche oder dem Handrücken?" | |
| ■ Unterrichtsgespräch: Hypothesenbildung | ■ Tafel: Hypothesen |
| ■ SuS führen Experiment durch (Material III./M 5) | ■ Material III./M 5 (Experiment): Dichte der Tastpunkte |
| ■ Unterrichtsgespräch: SuS kommen zu der Erkenntnis, daß die Dichte der Tastpunkte über die Tastsensibilität entscheidet.<br>Diese Feststellung wird im Experiment Material III./M 4 (Versuch B) überprüft. | |
| ■ SuS führen Experiment durch (Material III./M 4) | ■ Material III./M 4 (Experiment): Schreiben auf Handfläche und Rücken |
| **A./B.3 Die Haut – Temperatursinn** | |
| ■ L-Impuls: „Wir wollen überprüfen, ob die Tastpunkte auch temperaturempfindlich sind." | |
| ■ SuS führen Experiment durch (Material III./M6) | ■ Material III./M6 (Experiment): Sind Tastpunkte auch temperaturempfindlich? |
| ***Unterrichtliche Anmerkung:*** *Das negative Versuchsergebnis führt dazu, nach temperaturempfindlichen Punkten zu suchen.* | |

| Erarbeitungsschritte | Medien |
|---|---|
| ■ SuS führen Experiment durch (Material III./M 7) | ■ Material III./M 7 (Experiment): Wärme- und Kältepunkte |
| ■ L initiiert Rollenspiel nach Material III./M 8 (A)<br>■ oder läßt das Experiment Material III./M 8 (B) durchführen<br>■ L-Impuls: „Weshalb haben die beiden S. unterschiedliche Temperaturempfindungen?“<br>■ Unterrichtsgespräch | ■ Material III./M 8 (Rollenspiel oder Experiment): Warm oder Kalt? |

***Unterrichtliche Anmerkung:*** *Das Rollenspiel und das Experiment führen beide zu der Feststellung, daß die Temperaturempfindung relativ ist.*

**A./B.4 Schutz und Pflege der Haut**

| Erarbeitungsschritte | Medien |
|---|---|
| ■ L verteilt Material III./M 9 und fordert die SuS auf, die Aufgaben zu bearbeiten<br>■ Unterrichtsgespräch über die Schädigung der Haut durch intensives Sonnenbaden und über Möglichkeiten, diese Schäden zu vermeiden | ■ Material III./M 9 (Materialgebundene Aufgabe): Schönheitsideal „Braune Haut“ |
| ■ L verteilt Material III./M 10 und fordert die Schüler auf, den Text zu lesen. Die Aufgaben werden im Unterrichtsgespräch bearbeitet.<br>■ Unterrichtsgespräch: Unter der Prämisse, „Die Funktionsfähigkeit der Haut muß erhalten bleiben“, wird das Thema „Hautpflege“ unter den Aspekten Reinigung, Kosmetik und Schönheit erörtert. Erkrankungen der Haut durch übertriebene Körperpflege werden gleichzeitig aufgezeigt. | ■ Material III./M 10 (Materialgebundene Aufgabe): Hautpflege – Pro und Kontra |

***Unterrichtliche Anmerkung:*** *Es muß deutlich werden, daß alle Funktionen durch Beschädigung der Haut beeinträchtigt werden und daß übermäßige Sonnenbestrahlung zusätzlich zu Hautkrebs führen kann.*

| III./M 1 | Aufbau der Haut | Materialgebundene AUFGABE |
|---|---|---|

**Arbeitsmaterial:**

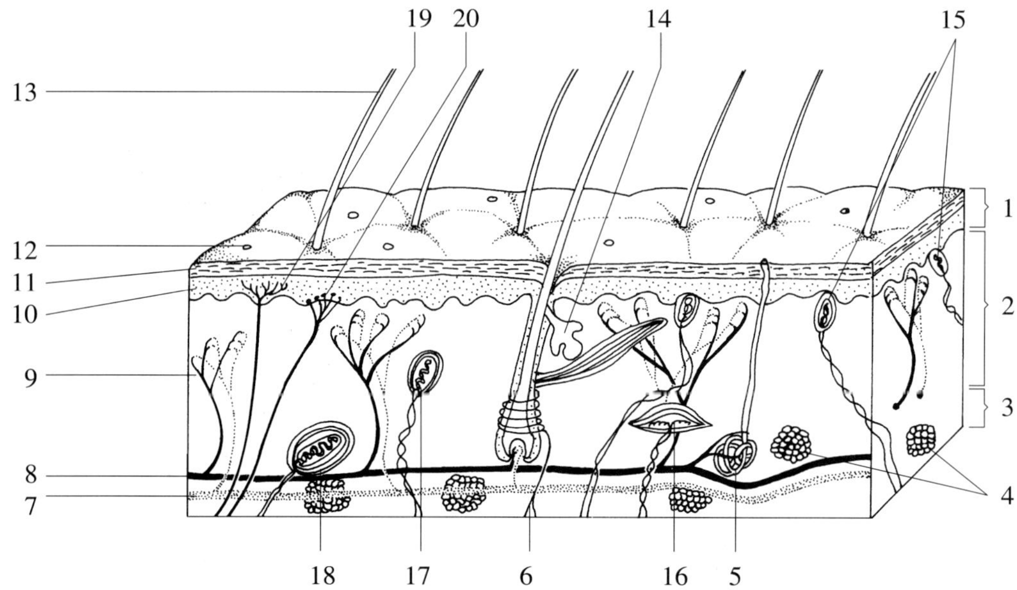


**Aufgabe:**

a) Informiere Dich über die in der obigen Abbildung mit Zahlen gekennzeichneten Strukturen!
b) Benenne die numerierten Strukturen!

1. ______________________ 2. ______________________
3. ______________________ 4. ______________________
5. ______________________ 6. ______________________
7. ______________________ 8. ______________________
9. ______________________ 10. ______________________
11. ______________________ 12. ______________________
13. ______________________ 14. ______________________
15. ______________________ 16. ______________________
17. ______________________ 18. ______________________
19. ______________________ 20. ______________________

| III./M 2 | Sozialkontakte über die Haut | Materialgebundene AUFGABE |
|---|---|---|

**Arbeitsmaterial:**

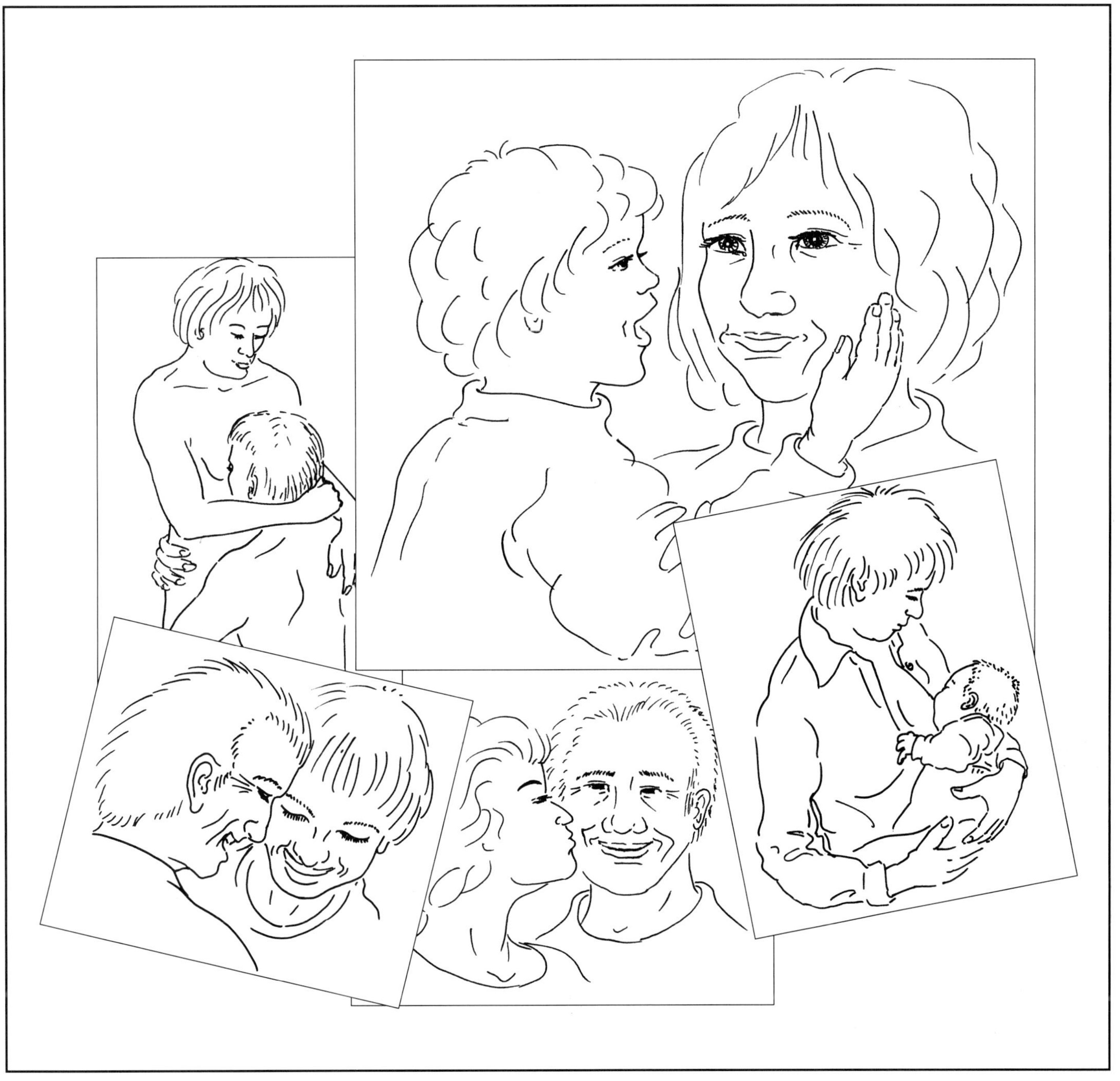

**Aufgaben:**

a) Erläutere anhand des obigen Materials und anhand von Zeitschriften und Illustrierten, welche Bedeutung die Haut (z. B. Streicheln und Schmusen) für zwischenmenschliche Kontakte/Beziehungen hat!

b) Schneide Zeitschriftenartikel/Werbeanzeigen aus, in denen die Bedeutung der Haut für zwischenmenschliche Kontakte eine Rolle spielt!

| III./M 3 | Erkennen von Blindenschrift | EXPERIMENT |
|---|---|---|

**Arbeitsmaterial:**

**Versuchsprotokoll**

*Thema:* Lesen von Blindenschrift

*Material:*
– Wort/Zahl/Text in Blindenschrift
– Alphabet in Blindenschrift

## Die Blindenschrift

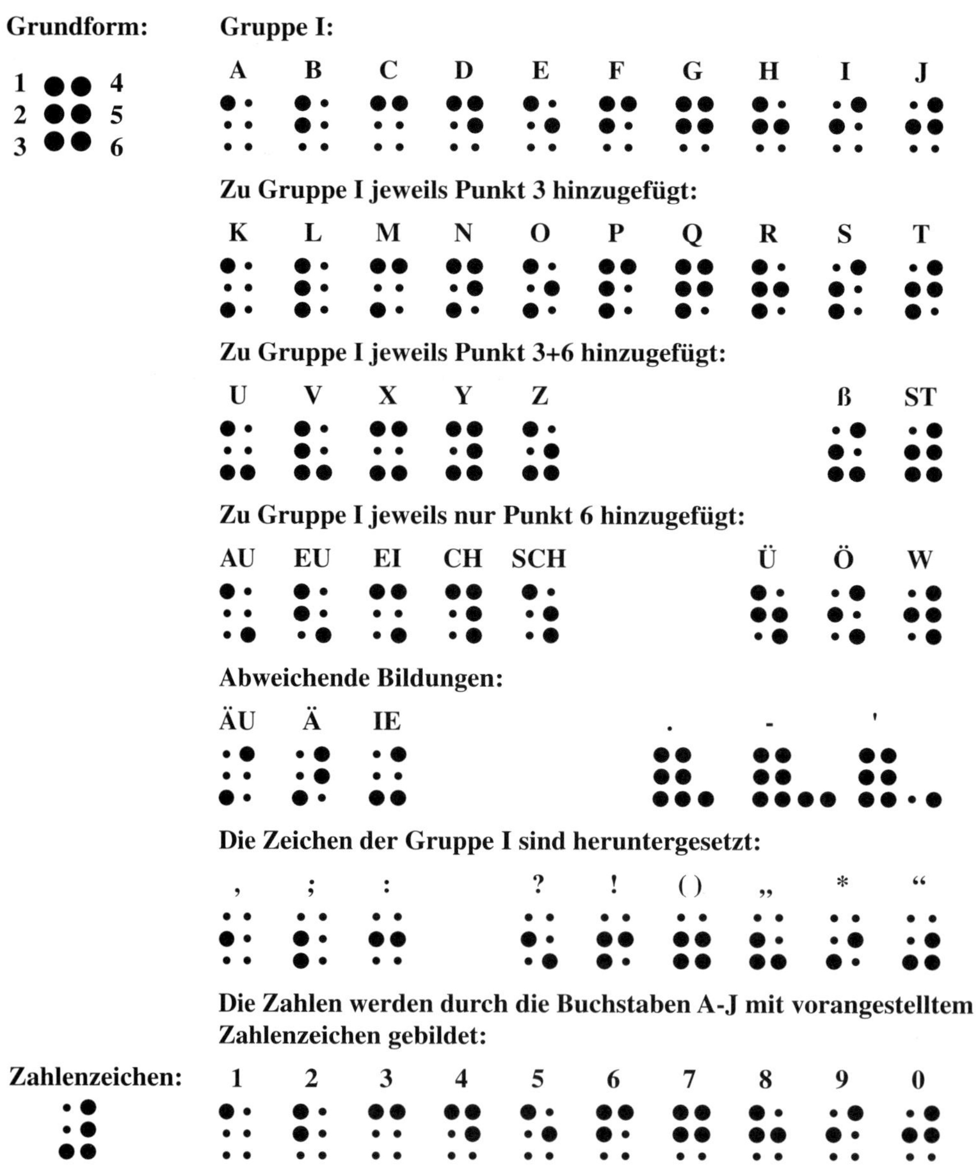


**Aufgabe:**

Die Abbildung „Die Blindenschrift“ zeigt Euch, in welcher Weise das Alphabet, Ziffern und Satzzeichen in Blindenschrift verschlüsselt sind. Stecht mit einer Nadel von der Rückseite durch die „fetten“ Punkte, so daß auf der Vorderseite eine leichte Erhebung entsteht. Versucht, den Text in Blindenschrift zu „lesen“, indem Ihr die einzelnen Buchstaben mit den Fingerspitzen ertastet und nicht die Augen zu Hilfe nehmt!

| III./M 4 | Ertasten und Erfühlen mit verbundenen Augen | EXPERIMENT |
|---|---|---|

**Arbeitsmaterial:**

**Versuchsprotokoll**

*Thema:* Erkennen von Gegenständen durch Betasten

*Material:*
- Dreieckstuch/Augenbinde
- Federmäppchen von 10 Schülern / Schlüsselbunde von 10 Schülern/ ...
- 5 Schulbücher verschiedener Fächer / 5 Münzen unterschiedlichen Wertes
- Holzstäbchen oder Bleistift

*Durchführung:*

A. Einer Versuchsperson werden die Augen verbunden. Sie erhält den Auftrag, aus einer Menge von 10 Federmäppchen bzw. Schlüsselbunden das/den eigene(n) herauszufinden oder aus einer Menge von 5 unterschiedlichen Schulbüchern bzw. Münzen ein bestimmtes/eine bestimmte herauszufinden.

B. Einer Versuchsperson werden die Augen verbunden. Eine zweite Person schreibt mit einem Holzstäbchen oder der Rückseite eines Bleistiftes eine Information in die Handinnenfläche und eine andere Information auf den Rücken der Versuchsperson (Buchstabengröße 3 bis 4 cm; keine Wörter, sondern die Buchstaben nacheinander schreiben). Die Versuchsperson versucht, die Informationen zu entschlüsseln.

**Aufgabe:**

a) Beobachte detailliert, wie die Versuchsperson versucht, die Gegenstände zu erkennen! Schreibe diese Beobachtungen nieder!
b) Halte das Versuchsergebnis schriftlich fest und erkläre es!

| III./M 5 | Dichte der Tastpunkte | EXPERIMENT |
|---|---|---|

**Arbeitsmaterial:**

**Versuchsprotokoll**

*Thema:* Verteilung der Druckpunkte auf der Haut

*Material:*
– Stechzirkel
– Augenbinde (Schal)

*Durchführung:*

Das Experiment wird in Zweiergruppen durchgeführt.
Einem Schüler werden die Augen verbunden. Der andere Schüler setzt die Spitzen des Stechzirkels gleichzeitig (!) mit nur geringem Druck (Verletzungsgefahr!) auf die Haut der Versuchsperson. Diese gibt an, ob sie eine oder zwei Druckempfindungen wahrnimmt.
Die Spitzenabstände werden vor jedem Test gemessen. Es empfiehlt sich, den Abstand der Spitzen zu wechseln.
Folgende Hautstellen können untersucht werden: Handrücken, Fingerkuppe, Wange, Lippe, Unterarm, Unterschenkel, Rücken.

**Aufgaben:**

a) Protokolliere Deine Versuchsergebnisse:

| Hautstelle | Spitzenabstände des Stechzirkels | | | | |
|---|---|---|---|---|---|
| | 2 mm | 4 mm | 6 mm | 8 mm | … |
| Handrücken<br>Fingerkuppe<br>… | | | | | |

+ VP empfindet zwei Druckpunkte
– VP empfindet einen Druckpunkt

b) Ermittle für jede Hautstelle den durchschnittlichen Abstand der Druckpunkte!
c) Vergleiche und erkläre die Ergebnisse!

| III./M 6 | Sind Tastpunkte temperaturempfindlich? | EXPERIMENT |
|---|---|---|

**Arbeitsmaterial:**

**Versuchsprotokoll**

*Thema:* Untersuchung der Tastpunkte auf Temperaturempfindlichkeit

*Material:*
- Tastborste
- Augenbinde (Schal)
- 4 Nägel (etwa 6 cm lang)
- 2 Bechergläser (600 ml)
- 2 Thermometer (0 - 100 °C)
- Bunsenbrenner
- Stativmaterial
- Eiswürfel
- Tiegelzange
- Trockentuch
- Filzstift

*Durchführung:*
Das Experiment wird in Zweiergruppen durchgeführt.
Einem Schüler werden die Augen verbunden. Der andere Schüler setzt die Tastborste mit nur geringem Druck auf den Handrücken der Versuchsperson. Diese gibt an, ob sie eine Druckempfindung wahrnimmt. Die Stellen, an denen die Versuchsperson etwas wahrnimmt, werden mit einem feinen Filzstift markiert.
Nun wird ein Becherglas mit Wasser gefüllt, das auf etwa 75 °C erhitzt wird. Die Temperatur wird von Zeit zu Zeit überprüft. Es wird erneut erhitzt, wenn die Temperatur auf 70 °C abgefallen ist.
In dem zweiten Becherglas wird Wasser durch Zugabe von Eiswürfeln auf eine Temperatur von 4 °C gebracht, die weitgehend konstant gehalten wird. Jeweils zwei Nägel werden in das kalte, die beiden anderen in das heiße Wasser gebracht.
Der Versuchsperson werden wieder die Augen verbunden.
Einer der erwärmten Nägel wird aus dem Wasser genommen und abgetrocknet. Durch vorsichtiges Abtasten der vorher markierten Punkte mit der Nagelspitze werden die Tastpunkte auf Wärmeempfindlichkeit untersucht. Der Nagel muß dabei mit mäßigem Druck und etwas schräg auf die Haut gesetzt werden. Der Nagel muß wegen der Abkühlung nach ca. 1/2 Minute gegen den anderen ausgetauscht werden.
Entsprechend wird die Haut mit den kalten Nägeln auf Kälteempfindlichkeit geprüft.

**Aufgabe:**

Protokolliere Deine Beobachtungen und interpretiere das Versuchsergebnis!

| III./M 7 | Wärme- und Kältepunkte | EXPERIMENT |
|---|---|---|

## Arbeitsmaterial:

**Versuchsprotokoll**

*Thema:* Auffinden der Wärme- und Kältepunkte auf der Haut

*Material:*
- 4 Nägel (etwa 6 cm lang)
- 2 Bechergläser (600 ml)
- 2 Thermometer (0 - 100 °C)
- Bunsenbrenner
- Stativmaterial
- Eiswürfel
- Tiegelzange
- Trockentuch
- Stück einer engmaschigen Tüllgardine ( 3 x 3 $cm^2$; ca. 64 Quadrate / $cm^2$ Fläche)
- Stempelkissen
- 2 Filzstifte (rot, blau)

*Durchführung:*
Das Experiment wird in Zweiergruppen durchgeführt.
Ein Becherglas wird mit Wasser gefüllt, das auf etwa 75 °C erhitzt wird. Die Temperatur wird von Zeit zu Zeit überprüft. Es wird erneut erhitzt, wenn die Temperatur auf 70 °C abgefallen ist.
In dem zweiten Becherglas wird Wasser durch Zugabe von Eiswürfeln auf eine Temperatur von 4 °C gebracht, die weitgehend konstant gehalten wird. Jeweils zwei Nägel werden in das kalte, die beiden anderen in das heiße Wasser gebracht.
Ein Schüler stempelt der Versuchsperson das Muster des Gardinenstoffs auf den Handrücken.
Die Versuchsperson schließt die Augen.
Einer der erwärmten Nägel wird aus dem Wasser genommen und abgetrocknet. Durch vorsichtiges Abtasten der einzelnen Quadrate mit der Nagelspitze wird die Haut nach Wärmepunkten abgesucht. Der Nagel muß dabei mit mäßigem Druck und etwas schräg auf die Haut gesetzt werden. Die Stellen, an denen eine Wärmeempfindung auftritt, werden mit einem roten Punkt markiert. Der Nagel muß wegen der Abkühlung nach ca. 1/2 Minute gegen den anderen ausgetauscht werden. Die gefundenen Wärmepunkte werden noch einmal überprüft.
Entsprechend wird die Haut mit den kalten Nägeln nach Kältepunkten abgesucht. Diese werden mit einem blauen Punkt markiert.

## Aufgaben:

a) Übertrage das Versuchsergebnis auf Millimeterpapier!
b) Berechne die Zahl der Wärme- und Kältepunkte je $cm^2$!
c) Interpretiere das Versuchsergebnis!

| III./M 8 | Warm oder kalt? | EXPERIMENT |
|---|---|---|

**Arbeitsmaterial:**

**Versuchsprotokoll**

*Thema:* Relative Temperaturempfindung beim Menschen

*Material:*
- 3 große Schalen (z. B. pneumatische Wannen)
- ggf. Bunsenbrenner, Stativmaterial und Becherglas (das warme Wasser kann, wenn vorhanden, einem Boiler entnommen werden)

*Durchführung:*

A. Zwei SchülerInnen werden aufgefordert, sich über ihre Temperaturempfindungen beim Betreten des Klassenraums zu unterhalten, unter der Voraussetzung:
- SchülerIn 1 kommt gerade aus der Kälte;
- SchülerIn 2 kommt gerade aus dem Heizungskeller.

B. Schale I wird mit Wasser von 15 °C, Schale II mit Wasser von 25 °C und Schale III mit Wasser von 35 °C gefüllt. Die linke Hand wird in Schale I und die rechte gleichzeitig in Schale III gehalten. Nach 30 Sekunden werden beide Hände in Schale II getaucht.

**Aufgaben:**

a) Begründe, weshalb die beiden SchülerInnen zu unterschiedlichen Temperaturempfindungen kommen!
b) Protokolliere Deine Beobachtungen!
c) Ziehe Schlußfolgerungen daraus!

| III./M 9 | Schönheitsideal „Braune Haut“ | Materialgebundene AUFGABE |
|---|---|---|

**Arbeitsmaterial:**

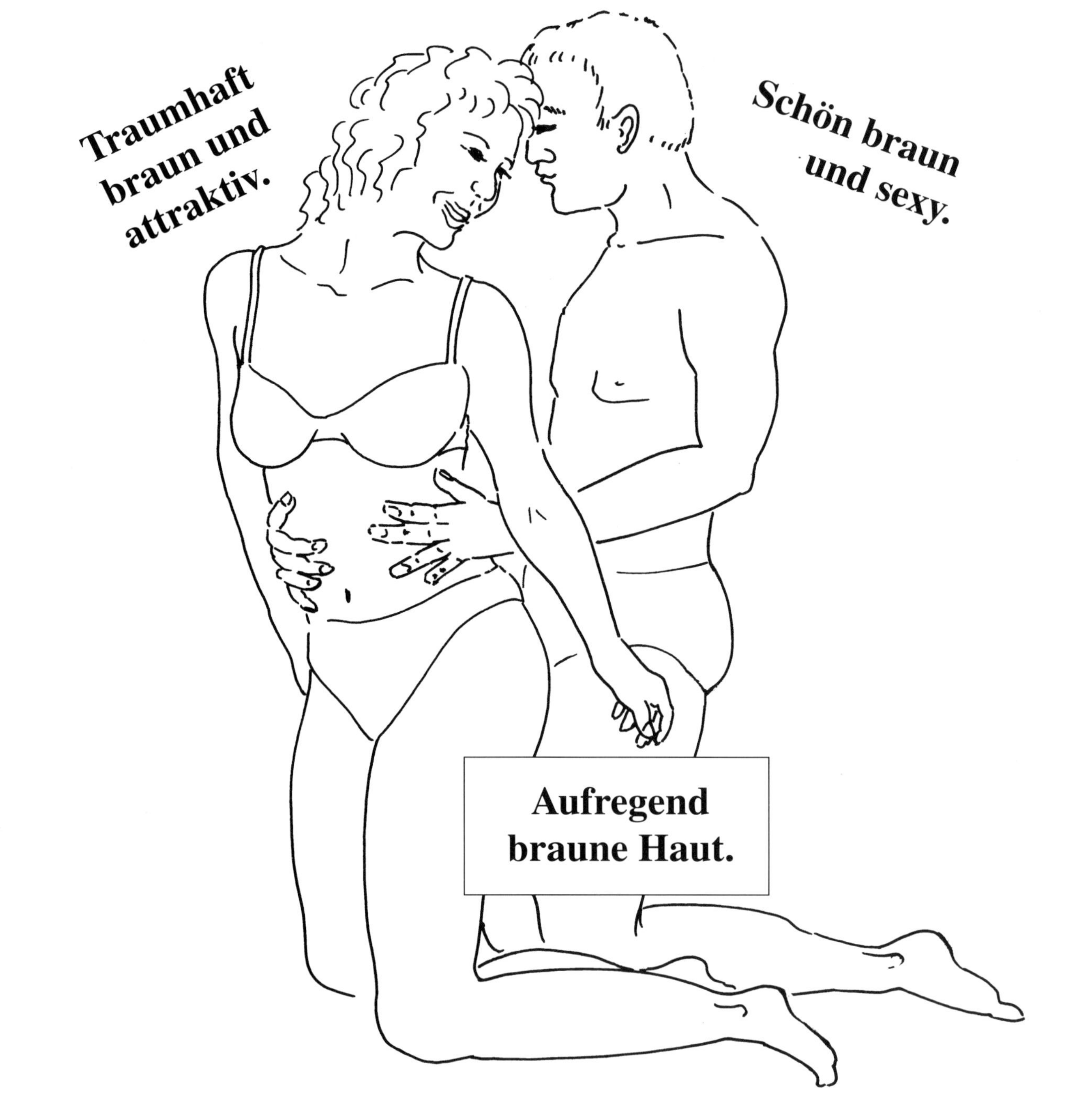


Die Werbesprüche stammen aus einer Werbung für Solarien.

**Aufgaben:**

a) Formuliere das Schönheitsideal, das hier verfochten wird, und charakterisiere, welche Lebensgefühle damit verbunden werden!
b) Entwirf eine Werbeanzeige für Sonnencreme, bei der dieses Schönheitsideal und der Schutz der Haut vor den Gefahren durch Sonneneinstrahlung gleichermaßen berücksichtigt werden!
c) Formuliere Verhaltensregeln für den Umgang mit Sonne!

| III./M 10 | Hautpflege – pro und kontra | Materialgebundene AUFGABE |
|---|---|---|

**Arbeitsmaterial:**

# Allzuviel ist ungesund

Das tägliche Bad, die tägliche Dusche – in früheren Zeiten ein unvorstellbarer Luxus – sind heute zur Selbstverständlichkeit geworden. Ohne Zweifel, die erhöhte Aufmerksamkeit, die man dem Körper zukommen läßt, hilft, Krankheiten zu vermeiden. Doch statt Krätze und Kopfläusen sind jetzt Ekzeme und Allergien auf dem Vormarsch. Das sind Hautkrankheiten, die oftmals auf übertriebene Körperpflege zurückzuführen sind.
Wie erkennt man, ob eine Veränderung der Haut auf Pflegefehler zurückzuführen ist? Fragen wir den Arzt!

*Welche Erkrankungen sind auf zu wenig Pflege zurückzuführen?*

„In Körperarealen, in denen Haut auf Haut liegt, beispielsweise Achseln, Analfalte, Leisten- und Genitalregion, kann es durch Unsauberkeit zu Infektionen vorwiegend durch Pilze und Bakterien kommen. Ursächliche Faktoren für diese Infektionen sind Wärme, Reibung und der ungenügende Abfluß von Schweiß. Begünstigend wirken Fettleibigkeit oder eine Zuckererkrankung. Durch mangelhafte Reinlichkeit kann es dann in den genannten Körperzonen zu akuten und chronischen Entzündungen kommen."

*Gibt es Hautkrankheiten, die auf eine falsche oder zu intensive Pflege zurückzuführen sind?*

„Die Kehrseite des Reinigungsrituals ist, daß immer mehr Menschen, insbesondere im Herbst und Winter über eine trockene, rauhe und rissige Haut klagen. Das sogenannte Austrocknungsekzem gehört vor allem bei älteren Patienten mit zu den häufigsten dermatologischen Diagnosen in der täglichen Praxis. Außerdem gehören zu den sogenannten „Nebenwirkungen" der Hautpflege Kontaktekzeme, Pigmentverschiebungen der Haut nach Anwendung von Körperlotion und Cremes, die Parfum enthalten, sowie irritative Hautreaktionen – je nach Hauttyp – durch Über- oder Unterfettung."

*Wie erkennt man eine pflegebedingte, krankhafte Veränderung der Haut? Wann sollte man zum Hautarzt gegen?*

„Das Austrocknungsekzem bevorzugt besonders die körperfernen Regionen der Extremitäten, beispielsweise Schienbeine und Unterarme. Die Haut ist dort geringfügig entzündlich gerötet und schuppt. Nicht selten entwickeln sich in diesen Herden tiefrote Hornschichteinrisse. Zunächst sollte der Betroffene zu häufiges Waschen, Baden und Einseifen reduzieren und Feuchtigkeitscremes benutzen. Bringt dies keine Besserung, sollte er den Hautarzt konsultieren. Die Haut braucht in der Regel nicht nur rückfettende Medikamente. Es empfiehlt sich unter anderem der Zusatz von Harnstoff, der wiederum Feuchtigkeit binden kann."

*Was halten Sie von Deodorants?*

„Deodorantien, die Duftstoffe enthalten, sollten gemieden werden. Gerade bei Patienten, die Neurodermitis haben, werden häufig Symptome beobachtet, die auf Deos zurückzuführen sind."

*Für allergische Reaktionen werden oft Emulgatoren verantwortlich gemacht, also die Bindemittel, die Wasser und Fett in einer Creme zusammenhalten. Stimmt das?*

„In der Tat können in Einzelfällen einige von etwa 40 Emulgatoren zu einer allergischen Reaktion führen. In der sogenannten Europäischen Standardtestreihe der Kontaktallergene finden sich unter den 25 häufigsten Allergenen allerdings keine Emulgatoren."

*Wann empfehlen Sie Syndets?*

„Ihre Vorzüge als Duschmittel sind: Sie sind waschwirksam, auch im neutralen und sauren pH-Bereich. Auch Syndets haben eine Emulgatorwirkung und können deshalb die Haut durch Austrocknung irritieren. Im allgemeinen ist dieser Effekt jedoch gering."

**Aufgaben:**

a) Entnimm den Antworten des Arztes, welche Erkrankungen auf zu wenig Pflege bzw. auf übertriebene Pflege der Haut zurückzuführen sind!
b) Stelle Regeln zusammen, nach denen Du Deinen Körper vernünftig pflegen kannst!
c) Informiere Dich darüber, welchen Einfluß die Ernährung auf die Gesundheit der Haut hat! Material stellen zum Beispiel auch die Krankenkassen zur Verfügung!

### III.2.3 Lösungshinweise zu den Aufgaben der Materialien

**III./M 1**

| | |
|---|---|
| 1. Oberhaut | 2. Lederhaut |
| 3. Unterhaut | 4. Fetteinlagerungen |
| 5. Schweißdrüse | 6. Haarbalgnerv |
| 7. Vene | 8. Arterie |
| 9. Kapillarschlingen | 10. Keimschicht |
| 11. Hornschicht | 12. Schweißpore |
| 13. Haarschaft | 14. Talgdrüse |
| 15. Tastkörperchen | 16. Wärmekörperchen |
| 17. Kältekörperchen | 18. Lamellenkörperchen |
| 19. freie Nervenendigung | 20. Tastscheibe |

**III./M 2**

Bedeutung des Hautkontakts für
- Mutter-Kind-Bindung / Vater-Kind-Bindung
- Partnerfindung / Partnerbindung

**III./M 4**

A. Die Schüler/innen werden versuchen, die Gegenstände mit den Fingerkuppen zu ertasten, weil dort die Dichte der Druckrezeptoren am größten ist.

B. Es gelingt in der Regel nicht, das Schreiben auf dem Rücken zu entschlüsseln, während das Schreiben in der Handfläche in der Regel erkannt wird. Ursache dafür ist die unterschiedliche Dichte der Druckpunkte.

**III./M 5**

Auf Lippen und Fingerkuppen werden bei einem Spitzenabstand des Stechzirkels von 2 mm beide Spitzen noch sicher unterschieden. Auf Handrücken, Wange und Unterarm ist ein Abstand von 8 bis 12 mm erforderlich; am Rücken kann ein Spitzenabstand bis zu 4 cm erforderlich sein. Die Ergebnisse lassen Rückschlüsse auf den Abstand der Druckpunkte in der Haut zu: geringer Spitzenabstand des Stechzirkels – große Dichte der Druckpunkte; großer Spitzenabstand des Stechzirkels – geringe Dichte der Druckpunkte.

**III./M 6**

Es zeigt sich, daß die Tastpunkte nicht temperaturempfindlich sind, d. h. es muß außerdem temperaturempfindliche Rezeptoren geben.

**III./M 7**

Für den Handrücken gilt:
Anzahl der Wärmepunkte 1 – 2 / $cm^2$;
Anzahl der Kältepunkte 10 / $cm^2$.

**III./M 8**

Ein Mensch, der aus der Kälte kommt, empfindet die Raumtemperatur als hoch; jemand, der aus der Wärme kommt, empfindet die gleiche Raumtemperatur als niedrig. Die linke Hand empfindet Wasser in Schale II als warm, die rechte als kalt.
Mit Hilfe der Temperaturempfindung können Temperaturen lediglich verglichen, nicht jedoch objektiv eingeschätzt, geschweige denn gemessen werden.

**III./M 9**

Schönheitsideal „braune Haut": Jugend, Schönheit, Begehrlichkeit, ...
Zum Umgang mit Sonne: sachgerechte Benutzung von Sonnencremes, zeitliche Begrenzung von Sonnenbädern, Benutzung von Sonnenhüten, Sonnenschirmen,...

**III./M 10**

Erkrankungen, die auf zu wenig Pflege zurückzuführen sind:
Infektionen durch Pilze und Bakterien

Erkrankungen, die auf übertriebene Pflege zurückzuführen sind:
Austrocknungsekzem, Kontaktekzem, Pigmentverschiebung, irritative Hautreaktion

Viel Flüssigkeit (bis zu 2 Liter pro Tag) hilft der Haut, Feuchtigkeit zu speichern. Nikotin verringert die Durchblutung; die Haut trocknet aus und wirkt fahl. Zu viel Alkohol erweitert die Adern und läßt die Haut schwammig erscheinen. Die Haut braucht viel Vitamine und Mineralien, um jeden Monat eine neue Oberhaut bilden zu können.

## III.3 Medieninformation

### III.3.1 Audiovisuelle Medien

**FWU-Diareihe 00696:** Die menschliche Haut, 16 B, f

Annotation: *Erläutert wird der Aufbau der menschlichen Haut. Zu sehen sind: Oberhaut mit Keimschicht und Verhornungszone, Blutgefäß- und Pigmentverteilung, Haarzwiebel mit Papille, Talgdrüsen, Schweißdrüsen, Duftdrüsen, Nagelbett, Mund- und Zungenschleimhaut*

**FWU-Diareihe 10 00808:** Die unbehaarte menschliche Haut, 20 B, f

Annotation: *Mikro- und Makroaufnahmen bzw. Schemazeichnungen lassen deutlich die Struktur der Haut an verschiedenen unbehaarten Körperteilen erkennen. Die letzten 5 Bilder zeigen die Drüsen der Haut.*

**FWU-Diareihe 10 00809:** Die behaarte menschliche Haut, 14 B, f

Annotation: *Mikro- und Makroaufnahmen bzw. Schemazeichnungen zeigen die Struktur behaarter Haut, den Aufbau des Körperhaares sowie Störungen des Haarwuchses.*

**Diareihe 10 31000:** Die Haut – Probleme und Pflege während der Pubertät, 20 B, f (Produzent unbekannt)

Annotation: *Die Diareihe informiert über den Aufbau und die Funktionen der Haut, begründet Hautprobleme während der Pubertät und gibt Pflegetips.*

**Jünger-Diareihe 10 40216:** Die Haut – Probleme und Pflege während der Pubertät, 20 B, f

Annotation: *Die Serie informiert über die Zusammenhänge von Pubertät und Hautunreinheiten.*

**FWU-Film 32 03618:** Unser Körper – Lebendige Zusammenhänge – Haut und Hitze, 14 min, f.

Annotation: *Der Film erklärt, warum man sich in der Sauna an einer 45 Grad Celsius heißen Holzbank verbrennt, aber sich bei 90 Grad Celsius Lufttemperatur wohlfühlen kann. Mit Hilfe des Tricks wird dargestellt, welche physikalischen und körperlichen Anpassungsvorgänge in der Sauna eine Rolle spielen.*

**IMBILD-Film 32 41613:** Der Körper des Menschen – Lebendige Schranken, 29 min, f

Annotation: *Der Film beschreibt die menschliche Haut und die Schleimhäute als Barrieren des Körpers gegen fremde Substanzen. 1) Aufbau und Funktion von Haut und Schleimhäuten, 2) Immunschranke: Aufgabe, Funktion und Entstehung der Granulozyten, 3) Antikörper im Kampf gegen gewebefremde Substanzen.*

**IMBILD-Film 32 41614:** Der Körper des Menschen – Die Haut, der verletzliche Schutzwall, 29 min, f

Annotation: *Der Film zeigt einen Schnitt durch die menschliche Haut und behandelt Entstehung, Aufbau und Funktion ihrer Schichten sowie der in ihnen eingelagerten Organe. Die Haut dient u. a. als Schutz vor Umwelteinflüssen und als Regulator des Flüssigkeitshaushaltes. Komplexer, kommentarlastiger Übersichtsfilm.*

**IMBILD-Film 32 43096:** Erste Hilfe – Schutzwall Haut in Gefahr, 28 min, f

Annotation: *Der Bau der Haut und ihre Verletzung durch Säure oder Lauge werden mit Tricks dargestellt. Entsprechende Gegenmaßnahmen werden vorgestellt (z. B. bei Verätzung der Speisewege). Das Entfernen kleiner Fremdkörper aus dem Auge wird gezeigt, zudem warnt der Film vor eingewurzelten falschen Methoden, wie z. B. Milchtrinken.*

**FWU-Film 42 00969:** ARD-Ratgeber Gesundheit – Die Haut, 33 min, f

Annotation: *Aufbau und Funktion der Haut werden an einem Trickmodell erläutert. Die Werbung für Kosmetika, die Beratungsgespräche in Fachgeschäften über die Wirkung von sogenannten Pflegelinien werden kritisiert. Eine Dermatologin gibt medizinische Auskünfte. Behandlungsbeispiele: Akne; malignes Melanom.*

**Klett-Film 75057:** Die Haut, 21 min, f

Annotation: *Dieses Video informiert über Bau und Funktionen der Haut und der Hautanhangsorgane sowie über Schädigungen und Erkrankungen dieses Organs. Das Video gliedert sich in drei Abschnitte: Im ersten Abschnitt wird der Aufbau der Haut mit Hilfe von Real- und Trickaufnahmen erarbeitet. Neben eindrucksvollen Real- und Trickaufnahmen führen faszinierende elektronenmikroskopische Aufnahmen im zweiten Abschnitt die Funktionen der Haut vor Augen. Bilder von Schädigungen und Erkrankungen der Haut sowie Tips zur Pflege und Gesunderhaltung schließen die Thematik des Videos ab.*

**IMBILD-Film 9031660:** Der Körper des Menschen – Der Mensch als Antenne – der Tastsinn, 28 min, f

Annotation: *Der Film unterscheidet die fünf Sinne des Menschen nach ihrer Abhängigkeit von körperlichen Kontakten und zeigt dann in Zeichentrickaufnahmen sowie in Versuchen mit einer Testperson das unterschiedlich starke Auftreten der Rezeptoren an den verschiedenen Körperstellen auf.*

**IMBILD-Film 9032820:** Der Körper des Menschen III – Der Schmerz, 29 min, f

Annotation: *Der Schmerz ist ein Warnsignal des Körpers. Der Film zeigt, wie in der Haut und in den Organen Tastkörper und Schmerzleitungen eingelagert und mit dem Nervensystem verbunden sind. Reize durch Schmerz werden über eine Schaltzone im Rückenmark dem Großhirn zugeleitet. Weiterhin behandelt der Film auch das Blockieren von Schmerzen durch chemische Mittel (Anästhesie, Medikamente) und durch chirurgische Eingriffe.*

Anmerkung: *Der Film ist für den Einsatz im Unterricht nur bedingt geeignet. Er setzt zum Verständnis Kenntnisse aus dem Bereich der Nervenphysiologie voraus, die im Sekundarbereich I nicht erwartet werden können. Zum anderen werden die Experimente zur Untersuchung der Haut als Sinnesorgan als sehr schmerzhaft dargestellt; diese Art der Darstellung scheint für Schüler der Sekundarstufe I nicht zumutbar.*

### III.3.2 Zeitschriften

**Die Haut;** Themenheft „Praxis der Nat. Wiss. – Biologie“, Heft 1/43, 1994 Aulis Verlag, Köln

Anmerkung: *Das Heft beschäftigt sich nur wenig mit den Hautsinnen, sondern vorwiegend mit den Erkrankungen der Haut (z. B. Karzinome, Mykosen, Akne, Viruserkrankungen) und ihrer Vorbeugung. Es stellt daher eine wichtige Ergänzung zum Thema „Pflege des Sinnesorgans Haut“ dar.*

**Haut;** Themenheft „Unterricht Biologie“, Heft 142, Febr. 1989 Velber-Verlag, Seelze

Anmerkung: *Ähnlich wie in „Praxis der Nat. Wiss.-Biologie“ 1/43, wird in einem ausführlichen Basisartikel auf die Aufgaben der Haut eingegangen. Besonders lesenswert sind die Beiträge zum Thema „Schmerz“ im Basisartikel (S. 7) und im Beitrag über Akkupunktur (S. 40-45).*

**Schwahn, H., Mende, G., Ruprecht, R.:** Sinnesempfindungen der Haut Unterricht Biologie, Heft 30, 1979, S. 18-24, Velber-Verlag, Seelze

Anmerkung: *Bei diesem Unterrichtsmodell für die Orientierungsstufe wird bei den zahlreichen Experimenten in einem Abschnitt auf das Thema „Schmerz“ eingegangen.*

### III.3.3 Bücher

**Thews, G., Mutschler, E.; Vaupel, P.:** Anatomie, Physiologie, Pathophysiologie des Menschen, Wissenschaftl. Verlagsgesellschaft Stuttgart 1989

Anmerkung: *Das Buch bietet in übersichtlicher Form Grundlagenwissen, das durch verständliche Texte und gute Abbildungen vermittelt wird. Es kann jedem Biologielehrer nur dringend empfohlen werden.*

**Thierfeldt, H.-J., Mathias, E., Schröder, M.:** Sinnesleistungen und Regelungsvorgänge,
Schroedel Schulbuchverlag, Hannover 1983

Anmerkung: *Dieser Band aus der Reihe „Wahlpflichtunterricht Biologie“ enthält zahlreiche Anregungen und Materialien für die Unterrichtseinheit „Die Haut, unsere Körperhülle“.*

### III.3.4 spezielle Broschüren

Infothek spezial
Reines Wohlbefinden – Körperhygiene und Hautpflege
AOK

# IV. Unterrichtseinheit (UE): Die chemischen Sinne

**Lernvoraussetzungen:**

Keine

**Gliederung:**

Die Numerierung der unterrichtlichen Schwerpunkte bezieht sich auf den Unterrichtsgang A. Alternativ dazu ist der Weg B mit gleichen Schwerpunkten möglich.

1. Bedeutung des Geruchssinnes
2. Nase und Riechsinn
3. Zunge und Geschmackssinn
4. Erkrankungen des Nasen-Rachenraumes

**Zeitplan:**

Für die Durchführung der Unterrichtseinheit sind 5 bis 6 Unterrichtsstunden zu veranschlagen.

## IV.1 Sachinformation

### Biologische Bedeutung:

#### – Geruchssinn:

Die Aufgaben des Geruchssinnes bestehen in der reflektorischen Auslösung von Speichel- und Magensaftsekretion sowie in der Warnung vor verdorbenen Nahrungsmitteln. Auch die Hygieneüberwachung, das Sexualverhalten und eine Reihe emotionaler Verhaltensweisen werden durch den Geruchssinn beeinflußt.

#### – Geschmackssinn:

Neben einer Prüfung der Nahrung wirkt der Geschmackssinn auf den Verdauungsprozeß ein. Die Steuerung der Sekretion durch Verdauungsdrüsen wird reflektorisch gesteuert. Dabei wird nicht nur die Sekretmenge durch Schmeckreize beeinflußt, sondern auch die Sekretzusammensetzung.

### Duftdrüsen (Körpergeruch):

Sie kommen beim Menschen nur in der Achselhöhle, im äußeren Gehörgang, im Brustwarzenhof, den Augenlidern und im Genitalbereich vor. Sie produzieren ein fetthaltiges, alkalisches Sekret und sind bei Frauen wesentlich stärker entwickelt als bei Männern. Die Drüsensekretion beginnt in der Pubertät und nimmt am Ende der Keimdrüsentätigkeit stark ab.

### Geruchsempfindung:

Geruchsempfindungen werden zu Qualitätsklassen (Duftklassen) zusammengefaßt (z. B. blumig, ätherisch, moschusartig, kampferartig, schweißig, faulig, stechend). Bestimmte Substanzen sind nur in sehr geringer Konzentration erforderlich, um eine spezifische Geruchswahrnehmung (Erkennungsschwelle) auszulösen. Die Empfindungsschwelle, d. h. die Feststellung eines unspezifischen Geruchs, liegt bei noch niedrigeren Konzentrationen. Bei längerer Einwirkung eines Riechstoffes in gleichbleibender Konzentration tritt eine starke Adaption der Geruchsempfindungen auf.

### Geschmacksblindheit:

Diese Menschen können grundsätzlich alle vier Geschmacksqualitäten unterscheiden. Unter den bitter schmeckenden Substanzen werden jedoch die nicht als bitter erkannt, die eine – N – C = S-Gruppe im Molekül aufweisen.
Diese Eigenschaft wurde durch Experimente mit Phenylthioharnstoff (PTH) entdeckt. Sie ist genetisch bedingt.

### Geschmackspapillen:

Die Sinneszellen für den Geschmackssinn befinden sich beim Erwachsenen vorwiegend auf dem Zungenrücken. Die Geschmackszellen bilden gemeinsam mit den Stütz- und Basalzellen die Geschmacksknospen. Eine Geschmacksknospe besteht aus mehreren spindelförmigen Zellen, die schalenartig zusammenliegen und an ihrer Oberfläche ein kleines Grübchen, den Geschmacksporus, freilassen. In diesen ragen Mikrovilli der Sinneszellen hinein. Der Saum der Mikrovilli stellt den eigentlichen rezeptorischen Abschnitt der Sinneszellen dar. Die Geschmacksknospen sind in das Epithel verschiedener Papillen eingesenkt.

### Geschmacksqualitäten:

Die Geschmacksempfindung weist verschiedene Qualitäten auf: süß, sauer, salzig und bitter. Bei natürlichen Geschmacksreizen liegen in der Regel Mischempfindungen vor. Den vier Qualitäten entsprechen vermutlich vier spezifische molekulare Rezeptoren in der Membran der Sinneszellen. Für die einzelnen Geschmacksqualitäten bestehen typische regionale Unterschiede: maximale Empfindlichkeit für süß findet sich an der Zungenspitze, für bitter am Zungengrund und für die beiden anderen Qualitäten an den seitlichen Zungenrändern (vgl. IV./M7).

### Nasenschleimhaut:

#### – Regio respiratoria

Das mehrreihige Flimmerepithel bedeckt die beiden unteren Muscheln, den Boden der Nasenhöhle und den Teil der Nasenscheidewand, der den beiden unteren Muscheln gegenüberliegt. Es dient der Erwärmung, Befeuchtung und Reinigung der Atemluft. Der Reinigungsprozeß wird durch das Sekret kleiner Schleimdrüsen und der Becherzellen unterstützt.

### Regio olfactoria (Riechschleimhaut):

Die Aufnahme von Geruchsreizen erfolgt in der Riechschleimhaut an der oberen Nasenmuschel und im oberen Teil des Nasenseptums. Das Riechepithel besteht aus drei Zelltypen: Sinneszellen, Stützzellen und Basalzellen. Die Riechzellen überragen die Oberfläche der Riechschleimhaut mit kleinen kölbchenartigen Verdickungen, von denen die sog. Riechhaare ausgehen.

### Pheromone:

Es sind Wirkstoffe, die Tiere, insbesondere Insekten, nach außen abgeben; sie erreichen dadurch eine Kommunikation mit anderen Individuen der gleichen Art. Für Einzelindividuen stellen die Sexuallockstoffe die wichtigsten Pheromone dar. Die abgesonderten Pheromonmengen liegen bei einem Tier i. a. unter 1 $\mu$g. Die Riechzellen des Seidenspinners oder der Wanderheuschrecke beantworten bereits ein Duftstoffmolekül mit einem meßbaren Nervenimpuls.

### Schnupfen:

Entzündungen der Nasenschleimhaut, hervorgerufen durch Krankheitserreger, chemische Dämpfe, Rauch oder Hitze oder allergische Reaktion auf Pollenantigen (Heuschnupfen); es kommt zur Rötung und Schwellung der Nasenschleimhaut und schließlich zur Absonderung eines dünnflüssigen Schnupfensekrets. Eine akute Schnupfenentzündung kann in das Mittelohr oder in die Nasennebenhöhlen übergreifen.

## IV.2 Informationen zur Unterrichtspraxis

### IV.2.1 Einstiegsmöglichkeiten

| Einstiegsmöglichkeiten | Medien |
|---|---|
| **A.** | |
| ■ L liest Bericht über einen erkälteten Jungen vor, dem das Essen nicht schmeckt.<br>▶ Problemfrage: Weshalb mag Fritz sein Lieblingsessen nicht? | ■ Material IV./M 1 (Materialgebundene Aufgabe): Bei Schnupfen schmeckt das Essen nicht<br>■ Tafel |
| ***Unterrichtliche Anmerkung:*** *Dieser Einstieg kann unmittelbar zu der Vermutung führen, daß Geruch und Geschmack miteinander zusammenhängen und in ihrer Funktion von Erkältungskrankheiten abhängig sind. Es erscheint geboten, sich mit dem Bau dieser Sinnesorgane zu beschäftigen.* | |

| Einstiegsmöglichkeiten | Medien |
|---|---|
| **B.** | |
| ■ L projiziert Parfümewerbung<br>▶ Problemfrage: Warum legen Menschen so viel Wert darauf, gut zu duften? | ■ Material IV./M 2 (Materialgebundene Aufgabe): Parfümwerbung<br>■ Tafel |
| ***Unterrichtliche Anmerkung:*** *Dieser Einstieg bietet die Möglichkeit, die Bedeutung des Geruchssinnes für die Beziehungen der Menschen untereinander aufzuzeigen.* | |

### IV.2.2 Erarbeitungsmöglichkeiten

| Erarbeitungsschritte | Medien |
|---|---|
| **A.1./B.3. Bedeutung des Geruchssinnes (Erkennen von Speisen)** | |
| ■ SuS führen das Experiment zum Erkennen von Speisen mit geschlossenen Augen und geschlossener Nase durch.<br>■ Unterrichtsgespräch: Auswertung des Experiments | ■ Material IV./M 3 (Experiment): Erkennen von Speisen<br>■ Tafel: Skizze eines Längsschnittes durch den Kopf, in der die Verbindung zwischen Mund- und Nasenhöhle deutlich wird (vgl. Mat. IV./M 6) |
| ***Unterrichtliche Anmerkung*** *zu Einstiegsmöglichkeit A: Die SuS finden ihre Vermutung bestätigt, daß Geruchssinn und Geschmackssinn zusammenarbeiten. Es kann jetzt wahlweise mit A.2 und A.3 oder umgekehrt fortgefahren werden.* | |
| **B.1. Bedeutung des Geruchssinnes (Zwischenmenschliche Beziehungen)** | |
| ■ L berichtet von einem Menschen, der durch Körpergeruch in die Isolation geriet.<br>■ SuS erörtern die Problematik des Körpergeruchs; L gibt Informationen zur Zersetzung des Hautschweißes | ■ Material IV./M 4 (Materialgebundene Aufgabe): Karl „stinkt“ |
| ***Unterrichtliche Anmerkung:*** *Die Diskussion sollte auch Probleme wie Duschen nach dem Schulsport, Rücksichtnahme ect. beinhalten. Mit älteren Schülern könnten Zusammenhänge zwischen Parfüm und Sexuallockstoffen erörtert werden. (siehe Material IV./M5 (Materialgebundene Aufgabe): Sexuallockstoffe)* | |

| Erarbeitungsschritte | Medien |
|---|---|
| **A.2./B.2. Nase und Riechsinn** | |
| ■ L projiziert Abbildungen des Naseninnenraumes und der Riechschleimhaut<br>■ Unterrichtsgespräch: Die Teile werden soweit wie möglich von SuS benannt und ihrer Funktion zugeordnet. L ergänzt gegebenfalls.<br>Der Hund als typisches Nasentier wird zum Vergleich herangezogen. SuS formulieren die Unterschiede im Bau der Geruchssinnesorgane bei Mensch und Hund. | ■ Material IV. / M 6 (Materialgebundene Aufgabe): Aufbau der Nasenschleimhaut<br>■ Tafel: tabellarische Gegenüberstellung |
| ***Unterrichtliche Anmerkung:*** *Falls der Weg B gewählt wurde, schließt sich jetzt der Teil B.3 an, der mit A.1 identisch ist.* | |

### A.3./B.4. Zunge und Geschmackssinn

***Unterrichtliche Anmerkung:*** *Die Rolle des eigentlichen Geschmackssinns ist bei der bisherigen Erörterung offengeblieben. Dies wird jetzt nachgeholt.*

| | |
|---|---|
| ■ SuS führen das Experiment zur Wahrnehmung der vier Geschmacksqualitäten durch. | ■ Material IV./M 7 (Experiment): Geschmacksqualitäten |
| ■ Unterrichtsgespräch: SuS nennen ihrer Beobachtungen und formulieren das Versuchsergebnis | ■ Tafel: Skizze der Zunge, in die die Bereiche eingezeichnet werden, die für die Wahrnehmung der Geschmacksqualitäten süß, salzig, sauer und bitter empfindlich sind<br><br>Die Zunge kann lediglich 4 Geschmacksqualitäten registrieren. Die eigentliche Geschmacksempfindung erfolgt in Zusammenarbeit mit dem Riechsinn |

### A.4./B.5. Erkrankungen des Nasen-Rachenraumes

| | |
|---|---|
| ■ L verteilt Material IV./M 8<br>SuS werden aufgefordert, den Text zu lesen und Maßnahmen zu nennen und zu begründen, mit denen man Erkältungskrankheiten vorbeugen kann | ■ Material IV./M 8 (Materialgebundene Aufgabe): Erkältungskrankheiten vorbeugen |
| ■ Unterrichtsgespräch: SuS erläutern Maßnahmen, mit denen man Erkältungskrankheiten vorbeugen kann | ■ Tafel:<br>Vorbeugung: Schal als Mundschutz<br>Bewegung<br>Abhärtung<br>vitaminreiche Ernährung<br>Ausspannen<br>... |
| ■ L -Impuls: „Man kann Erkältungskrankheiten nicht völlig vermeiden. Wie kann man sie mit Hausmitteln, ohne Medikamente, wirkungsvoll behandeln?“ | |
| ■ Unterrichtsgespräch: SuS nennen aus ihrem eigenen Erfahrungsbereich Möglichkeiten, Erkältungskrankheiten zu behandeln. | ■ Tafel<br>Behandlung: Dampfbäder<br>Wärmebestrahlung<br>Kräutertees, Säfte<br>... |

***Unterrichtliche Anmerkung:*** *Die Schüler sollen erkennen, daß es bei der Vorbeugung gegen und Behandlungen von Erkältungskrankheiten möglich ist, auf Medikamente weitgehend zu verzichten. Verallgemeinernd kann hier das Problem des Medikamentenmißbrauchs angesprochen werden.*

| Erarbeitungsschritte | Medien |
|---|---|
| ■ L-Impuls: „Viren sind Erreger von Erkältungskrankheiten. Wie läßt es sich bei Erkrankung vermeiden, andere Menschen anzustecken?“<br>■ Unterrichtsgespräch: Es werden Maßnahmen diskutiert, die das Infektionsrisiko für andere Menschen verringern. | ■ Tafel:<br>Die Ansteckung anderer Menschen kann vermieden werden:<br>– nur gesund zur Schule/Arbeit gehen<br>– nicht anniesen, anhusten, ...<br>– Händeschütteln vermeiden<br>– ... |

***Unterrichtliche Anmerkung:*** *Bei Interesse der Schülerinnen und Schüler können weitere Erkrankungen der Atemwege im Unterricht behandelt werden. Neben grippalen Infekten sind (chronische) Bronchitis und Bronchialasthma als häufige Krankheiten zu nennen. Die Häufigkeit des Bronchialkarzinoms (häufigste Krebserkrankung) hat – wie auch die chronische Bronchitis – eine enge Beziehung zu den Rauchgewohnheiten von Menschen. Im Rahmen der Gesundheitserziehung sollten die Folgen des Rauchens hier unbedingt aufgezeigt werden.*
*In der UE werden die Dinge erarbeitet, die von allgemeiner Bedeutung sind. Es kann daher sinnvoll sein, die Unterrichtsergebnisse für andere Schüler zugänglich zu dokumentieren, z. B. in Form von Stellwänden, Infoblättern, Aufrufen etc. Für eine solche Aktion sind dann weitere 3 - 4 Unterrichtsstunden zu veranschlagen.*

| IV./M 1 | Fallbeispiel: Bei Schnupfen schmeckt das Essen nicht | Materialgebundene AUFGABE |
|---|---|---|

**Arbeitsmaterial:**

Klaus hat Schnupfen. Seit gestern ist seine Nase „dicht“. Er kann nur noch durch den Mund atmen. Berge von Taschentüchern hat er bereits verbraucht – er fühlt sich richtig mies und ist entsprechend schlecht gelaunt.
Um ihn etwas aufzuheitern, hat seine Mutter ihm zu Mittag sein Lieblingsessen, eine Pizza mit Salami, Pilzen, Paprika und viel Käse gebacken. Als Klaus hört, daß es Pizza geben soll, bessert sich seine Laune zusehends. Erwartungsvoll setzt er sich an den Eßtisch und beginnt zu essen. „Na, schmeckt's?“ fragt die Mutter. „Nee, schmeckt nach gar nichts!“ sagt Klaus brummig, und nach wenigen Bissen legt er das Besteck beiseite und geht wieder in sein Zimmer. Die Mutter probiert die Pizza und findet sie hervorragend. Kopfschüttelnd räumt sie den Tisch ab.

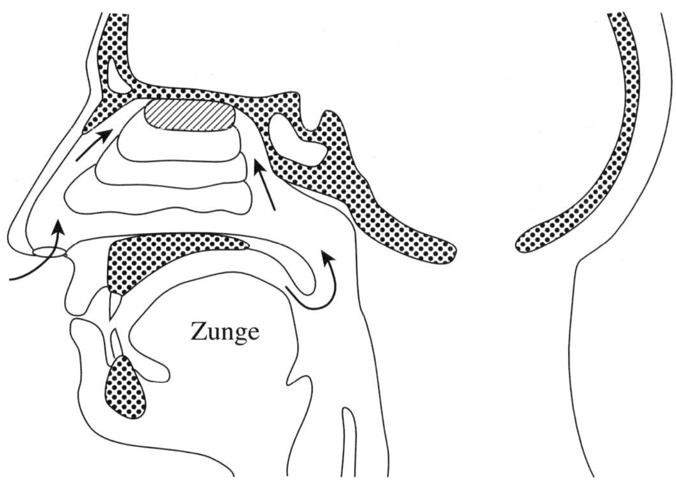


**Aufgaben:**

a) Überlege, welches die Gründe dafür sein könnten, daß Klaus sein Lieblingsessen nicht mag! Beziehe bei Deinen Überlegungen die Abbildung mit ein!
b) Plane ein Experiment, mit dem man Deine Vermutung überprüfen könnte!

| IV./M 2 | Parfümwerbung | Materialgebundene AUFGABE |
|---|---|---|

**Arbeitsmaterial:**

**Aufgabe:**

Der Anzeigentext lautet „Ohne Parfüm ist die Haut stumm." Welche Wirkung des Parfüms wird durch die Werbung suggeriert?

| IV./M 3 | Erkennen von Speisen | EXPERIMENT |
|---|---|---|

**Arbeitsmaterial:**

**Versuchsprotokoll**

*Thema:* Erkennen von Speisen bei verschlossener Nase

*Material:*
- verschiedene Speisen, die so stark zerkleinert werden, daß sie sich in ihrer Konsistenz nicht mehr unterscheiden. (Besonders geeignet ist Kinderfertignahrung wie verschiedene Obstbreie, auch Gemüsebreie ohne Fleischstücke sind geeignet)
- mehrere Schälchen für die Speisen
- entsprechende Anzahl Teelöffel
- Augenbinde
- Nasenklammer

*Durchführung:*
Einer Versuchsperson werden die Augen verbunden und die Nase mit einer Nasenklammer verschlossen. Dann füttert man sie nacheinander mit verschiedenen Speisen und läßt sie sagen, um welche Speise es sich ihrer Meinung nach handelt. Die Aussagen der Versuchsperson werden in der Tabelle notiert. Der Versuch wird mit mehreren Versuchspersonen wiederholt, um auszuschließen, daß das Ergebnis zufällig ist.

| Versuchsperson | gegebene Speise | genannte Speise |
|---|---|---|
| | | |

**Aufgabe:**

a) Protokolliere die Versuchsergebnisse, indem Du die Tabelle vervollständigst!
b) Leite aus den Versuchsergebnissen eine Aussage darüber ab, mit welchen Sinnesorganen man Speisen schmeckt und somit erkennt!

| IV./M 4 | Fallbeispiel: Karl „stinkt“ | Materialgebundene AUFGABE |
|---|---|---|

**Arbeitsmaterial:**

Karl ist 13 und für sein Alter schon ziemlich groß. Seine Schultern beginnen breiter zu werden, seine Stimme überschlägt sich manchmal – Karl steht am Beginn der Pubertät. Früher war er bei seinen Mitschülern sehr beliebt, aber seit einiger Zeit meiden sie ihn. Wenn er sie einlädt, haben sie schon irgendetwas anderes vor, sie verabreden sich häufig miteinander, aber Karl wird nicht mehr angesprochen. Karl ist ziemlich verzweifelt, weil er sich isoliert fühlt. Was macht er nur falsch?
Als anläßlich der Planung einer Klassenfahrt die Zimmer verteilt werden sollen, kommt es zum Eklat. Die Mitschüler suchen immer neue fadenscheinige Gründe, um nicht mit Karl in einem Zimmer schlafen zu müssen. Dem Lehrer wird es zu bunt. „Was ist hier eigentlich los, was habt ihr gegen Karl?“ „Karl stinkt!“ – Nun ist es heraus.
Der Lehrer reagiert schnell. Ein Gespräch mit Karl und seinen Eltern führt dazu, daß Karl ab sofort täglich duscht und zusätzlich ein Deo benutzt. Innerhalb weniger Tage nehmen ihn die Klassenkameraden wieder in ihre Gemeinschaft auf. Der Lehrer greift einige Tage später das Thema Körperpflege auf.

**Aufgaben:**

a) Erläutere, weshalb bei Karl plötzlich unangenehmer Körpergeruch auftritt!
b) Stelle Maßnahmen zusammen, die dem Entstehen von Körpergeruch vorbeugen können!
c) Wie hätten die Klassenkameraden Karl helfen können?
Formuliere ein Gespräch zwischen Karl und seinen Mitschülern!

| IV./M 5 | Sexuallockstoffe | Materialgebundene AUFGABE |
|---|---|---|

**Arbeitsmaterial:**

**Pheromone**
Pheromone sind Duftstoffe, die von Tieren nach außen abgegeben werden. Ein Beispiel sind die Sexuallockstoffe verschiedener Insekten, die in speziellen Pheromondrüsen der Weibchen gebildet werden und die der Anlockung der Männchen dienen. Diese Stoffe werden von den Männchen noch in äußerst geringen Konzentrationen registriert. Das Seidenspinnermännchen z. B. nimmt den Sexuallockstoff „Bombykol“ des Weibchens schon wahr, wenn auf 10.000.000.000.000.000 Luftmoleküle ein Duftstoffmolekül kommt. Bei schwachem Wind wirkt „Bombykol“ auf eine Entfernung von etwa einem Kilometer anlockend. Aufgrund der niedrigen Reizschwelle würde die von einem Seidenspinnerweibchen abgeschiedene Menge an „Bombykol“ ausreichen, um alle auf der Erde vorkommenden Männchen anzulocken, wenn sie in Reichweite wären.

**Duft und Erotik**
Patrick Süskind hat in seinem Buch „Das Parfum“ neuerdings wieder auf den Geruchssinn aufmerksam gemacht. Zwanzig Jungfrauen mußten sterben, um den Duft ihrer Haut einzufangen. Diese Düfte läßt der Held des Romans auf dem Richtplatz in die Menge strömen und versetzt damit Tausende von Schaulustigen einschließlich der Scharfrichter in einen sexuellen Sinnenrausch. Gibt es solche stimulierenden erotischen Düfte? Tatsächlich werden beim Menschen Abbauprodukte der Sexualhormone über die Schweißdrüsen ausgeschieden, die sich hauptsächlich an der Brustwarze, in der Achsel sowie in der Scham- und Analgegend befinden. Jeder Mensch hat einen ureigenen Geruch, wobei Männer, bedingt durch den höheren Androsterongehalt, das ähnlich wie Testosteron aufgebaut ist, strenger riechen als Frauen. Über das limbische System sollen diese Gerüche stimulierend auf den Sexualtrieb wirken. Auf dieser Erfahrung könnte ein Brauch jugoslawischer Volkstanzgruppen beruhen: Die jungen Männer tragen unter ihren Achseln Schweißtücher. Während des Tanzes ziehen sie diese Tücher heraus und fächeln den Mädchen ihren individuellen Körpergeruch zu.
Durch das einsetzende Hygieneverständnis des 20. Jahrhunderts ging einiges an animalisch-sinnlichen Reizen verloren. Sie werden durch synthetische Lockstoffe ersetzt. Ob diese allerdings die gleiche Wirkung wie die natürlichen habe, muß in Frage gestellt werden.

**Aufgaben:**

Die Parfümwerbung suggeriert häufig, daß Parfüm die Rolle eines Sexuallockstoffes übernimmt.
a) Diskutiere die Aussage der Parfümwerbung vor dem Hintergrund des oben abgedruckten Textes!
b) Informiere Dich in der Literatur über den Einsatz von Pheromonen bei der Insektenbekämpfung!

| IV./M 6 | Aufbau der Nasenschleimhaut | Materialgebundene AUFGABE |
|---|---|---|

**Arbeitsmaterial:**

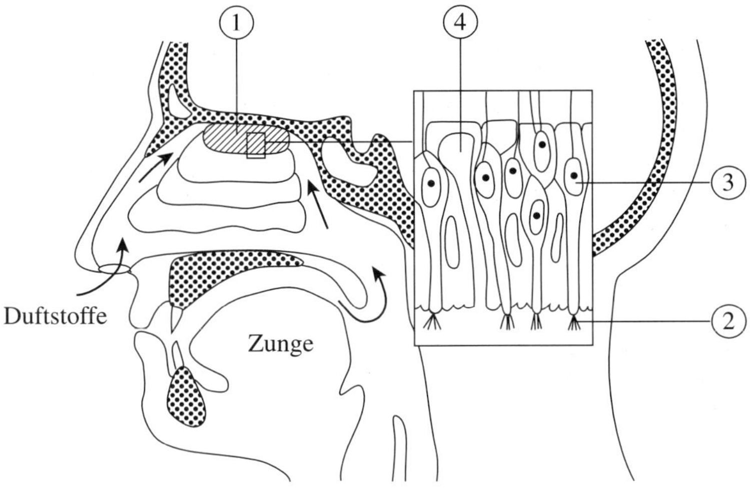


Riechfläche des Menschen (ca. 5 cm$^2$)

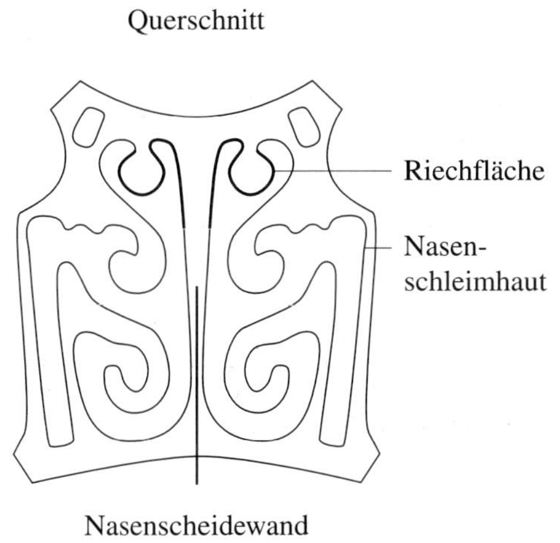


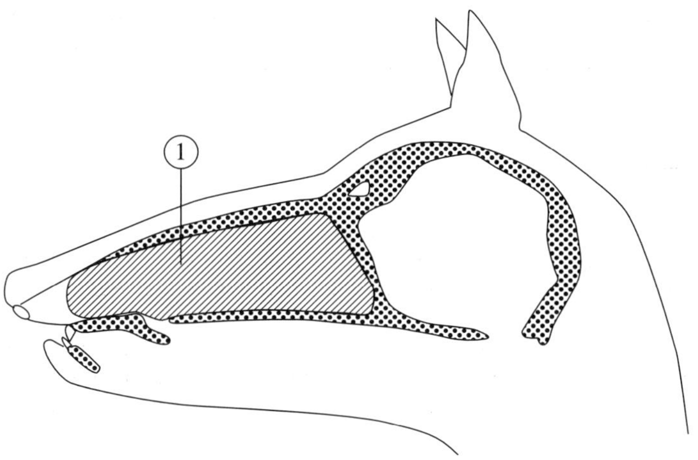


Riechfläche des Hundes (ca. 170 cm$^2$)

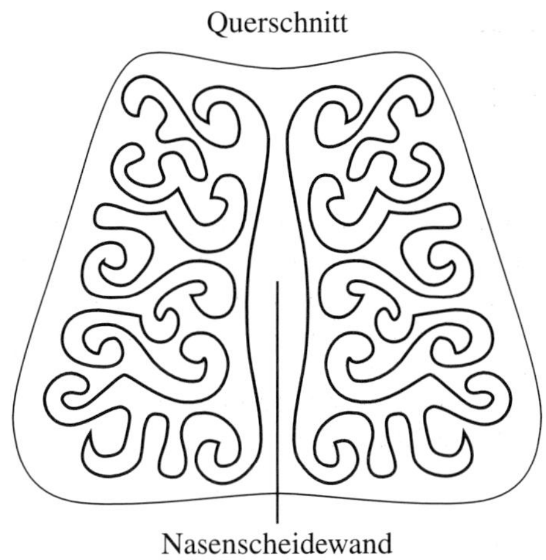


(1) Riechschleimhaut (2) Riechhärchen (3) Riechzelle (4) Schleimdrüse

**Aufgaben:**

a) Beschreibe den Aufbau der Nasenschleimhaut bzw. der Riechschleimhaut des Menschen!
b) Vergleiche mit den Verhältnissen bei einem Hund!
c) Mache den Einsatz von Spürhunden in der Försterei, in der Rauschgiftfahndung, … verständlich!

| IV./M 7 | Geschmacksqualitäten | EXPERIMENT |
|---|---|---|

## Arbeitsmaterial:

**Versuchsprotokoll**

*Thema:* Wahrnehmung verschiedener Geschmacksqualitäten durch die Zunge

*Material:*
- Waage
- 4 Bechergläser 100 ml
- 4 Glasstäbe
- Meßzylinder 100 ml
- Spatel
- Zucker
- Kochsalz
- Magnesiumsulfat (Bittersalz)
- Speiseessig
- Filterpapier
- Wattestäbchen

*Durchführung:*
Es werden die folgenden Lösungen hergestellt:
1. Lösung von 4 g Zucker in 80 ml Wasser
2. Lösung aus 40 ml Speiseessig und 40 ml Wasser
3. Lösung aus 2 g Kochsalz in 80 g Wasser
4. Lösung aus 4 g Magnesiumsulfat (Bittersalz) in 80 ml Wasser

Der Versuch wird in Zweiergruppen durchgeführt.
Eine Versuchsperson streckt die Zunge heraus. Die Oberfläche der Zunge wird mit Filterpapier abgetrocknet. Während der Versuchsdurchführung bleibt die Zunge herausgestreckt. Die Versuchsperson hält sich dabei die Nase zu (evtl. Wäscheklammer).
Ein zweiter Schüler taucht ein Wattestäbchen in die erste Prüfflüssigkeit und überträgt diese auf alle Bereiche der Zungenoberfläche. Die Versuchsperson gibt an, an welchen Stellen der Zunge sie die zugehörige Geschmacksempfindung wahrnimmt. Anschließend spült die Versuchsperson den Mund aus, und die Zunge wird wieder mit Filterpapier getrocknet. Mit den weiteren Prüfflüssigkeiten wird mit jeweils neuen Wattestäbchen ebenso verfahren. Die Rollen der beiden Schüler werden nun vertauscht.

## Aufgaben:

a) Trage in eine Umrißzeichnung ein, an welchen Stellen Deine Zunge für die Geschmacksqualitäten süß, sauer, salzig und bitter am stärksten empfindlich ist! Achte gegebenenfalls auf Überschneidungen!
b) Vergleiche Dein Ergebnis mit dem der anderen Schüler!

| IV./M 8 | Erkältungskrankheiten vorbeugen | Materialgebundene AUFGABE |
|---|---|---|

**Arbeitsmaterial:**

# Wo haben Krankheiten eine Chance?

Ist das harmonische Gleichgewicht zwischen den körperlichen und seelischen Funktionen gestört, sind die Abwehrkräfte des Körpers geschwächt, und Krankheitserreger haben ein leichtes Spiel. Erreger wie Bakterien oder Viren dringen durch Mund oder Nase in den Körper ein. Wenn diese Erreger durch unser Immunsystem nicht unschädlich werden können, vermehren sie sich im Körper und lösen die typischen Krankheitssymptome aus.

Wie können wir unsere körpereigenenAbwehrkräfte stärken?

**Vorbeugung durch aktive Gesundheitspflege**

Wir können versuchen, Krankheitserregern in unserer Umwelt auszuweichen. Einen relativen Ansteckungsschutz erreichen wir vielleicht mit einem Schal vor dem Mund und genauem Beachten von Hygienevorschriften (z. B. häufiges Händewaschen). Dieser Schutz ist allerdings nicht hundertprozentig. Den Schadstoffen in unserer Luft dagegen können wir kaum ausweichen. Deswegen ist es um so wichtiger, den Organismus und die körpereigene Abwehr zu pflegen und zu stärken. So eine aktive Gesundheitspflege steht auf mehreren Beinen.

**Bewegung bringt weiter**

Das ist zunächst die tägliche Bewegung. Laufen, Radfahren, Schwimmen, aber auch die morgendliche Gymnastik am offenen Fenster, das sind einige Möglichkeiten, um gesund und fit zu bleiben. Die tägliche Stunde Bewegung (aber nicht gleich Hochleistungssport!) hilft dabei zudem, gegen das häufige Problem „Übergewicht" anzugehen.

**Kreislauf in Schwung**

Ebenso wichtig ist natürlich Abhärtung. Damit ist an dieser Stelle die Kräftigung des Kreislaufsystems gemeint. Sie können beispielsweise Beine und Arme nach einem warmen Bad kalt abduschen oder durch eine Massage mit einer Wurzelbürste die Hautdurchblutung kräftig anregen. Auch ein Saunabesuch fördert ebenso wie drei bis fünf Minuten morgendliches Taulaufen auf dem Rasen die Funktion des Kreislaufes. Zu warme Kleidung oder überhitzte Innenräume sollten grundsätzlich vermieden werden.

**Gesundheit, die schmeckt**

Abwechslungsreiche, vollwertige Ernährung gehört wie ausreichende Bewegung zur gesunden Lebensführung. Hochverarbeitete Nahrungsmittel wie Zucker, Weißmehl oder Fertigprodukte voller künstlicher Zusätze sollten nur selten verwendet werden. Gleiches gilt für Genußmittel wie Alkohol, Kaffee, Tee oder Süßigkeiten. Allgemein sind häufige kleinere Mahlzeiten gegenüber „Eßgelagen" vorzuziehen.

**Auch mal Ausspannen**

Ein natürlicher Lebensrhythmus mit einem Wechsel von Aktivität und Entspannung – im körperlichen und seelischen Bereich – ist ein weiteres Standbein der vorbeugenden Gesundheitspflege. In unserer hektischen, überaktiven Zeit sind Ruhephasen von großer Bedeutung, insbesondere ein regelmäßiger Rhythmus von Schlafen und Wachsein.
Aber auch unsere Seele braucht mal Urlaub. Wer fit bleiben will, sollte sich täglich die Möglichkeit eines „Rückzuges" einräumen, die Möglichkeit, der modernen Reizflut einmal auszuweichen. Denn Fitsein beruht auch auf psychischer Ausgeglichenheit und der Fähigkeit, seelische Konflikte und Störungen lösen zu können.

**Aufgaben:**

a) Nenne und begründe mit Hilfe des Textes Maßnahmen, mit denen man Erkältungskrankheiten vorbeugen kann!
b) Überlege, wie man dennoch auftretende Erkältungskrankheiten mit Hausmitteln, ohne Einsatz von Medikamenten, behandeln kann! Befrage auch Deine Eltern und Großeltern!

### IV.2.3 Lösungshinweise zu den Aufgaben der Materialien

**IV./M 1**

Es wird erkannt, daß Geruch und Geschmack miteinander zusammenhängen. Die SuS sollen hier das Experiment IV./M3 selbständig planen.

**IV./M 2**

Parfumwerbung suggeriert häufig, daß Parfum die Rolle eines Sexuallockstoffes übernimmt (vgl. IV./M5).

**IV./M 3**

Es gelingt den SuS in der Regel nicht, die Speisen bei verschlossener Nase zu erkennen.
Damit wird bestätigt, daß Geruch und Geschmack miteinander zusammenhängen.

**IV./M 4**

a) Es empfiehlt sich, allgemeine Hinweise zur Körperpflege zu geben. (siehe UE III: Die Sinne der Haut)
b) Es sollte herausgestellt werden, daß sich nicht nur Karl falsch verhalten hat, sondern daß das Ausgrenzen durch die Gruppe ebenfalls ein Fehler war.
c) Es soll ein fiktives Gespräch entwickelt werden, in dem Karls Klassenkameraden möglichst nicht verletzend (ggf. muß die Art der Kritik im Unterrichtsgespräch diskutiert werden) formulieren, daß sie Karls Körpergeruch als unangenehm empfinden und ihn darauf hinweisen, etwas dagegen zu unternehmen.

**IV./M 5**

a) Die Schüler werden aus ihrem eigenen Erfahrungsbereich berichten.
b) Bei der Schädlingsbekämpfung in Wäldern, Obstplantagen, ... wird die Wirkung der Pheromone auf verschiedene Art und Weise ausgenutzt:
   - die Männchen werden mit Hilfe von Fallen gefangen, so daß die Paarung verhindert wird;
   - durch eine Überdosis an Pheromon verlieren die Männchen ihre Orientierung; auch so wird die Paarung verhindert;
   - Pheromonfallen dienen dazu, festzustellen, ob der Schädling in einem Pflanzenbestands vorhanden ist; im gegebenen Fall werden chemische Schädlingsbekämpfungsmittel eingesetzt.

**IV./M 6**

Beim Menschen, der sich weitgehend optisch und akustisch orientiert, ist der Geruchssinn nur mäßig ausgeprägt. Der Geruchssinn vieler Tiere, z. B. der Hunde, ist weit besser ausgeprägt; die Nase ist ihr wichtigstes Sinnesorgan. Die Fähigkeit von Hunden, äußert geringe Mengen von Duftstoffen zu registrieren, wird in der Försterei, bei der Rauschgiftfahndung, ... ausgenutzt.

**IV./M 7**

Die Empfindung für die vier Geschmackqualitäten süß, sauer, bitter, salzig ist auf der Zunge auf vier spezielle für jeweils eine Geschmacksqualität zuständige Areale begrenzt.
Zungenspitze: süß;
vordere Zungenseiten: salzig;
hintere Zungenseiten: sauer;
Zungenwurzel: bitter.
In jedem dieser Bereiche liegt eine andere Form von Geschmackssinneszellen.

**IV./M 8**

Als Maßnahmen, um Erkältungskrankheiten vorzubeugen, können genannt werden:
- Schal und Mundschutz
- Bewegung
- Abhärtung
- vitaminreiche Ernährung
- Ausspannen

...

Der Behandlung von Erkältungskrankheiten dienen:
- Dampfbäder
- Wärmebestrahlung
- Kräutertees
- vitaminreiche Säfte

...

## IV.3 Medieninformation

### IV.3.1 Audiovisuelle Medien

**FWU-Diareihe 00697:** Sinnesorgane, 8 B, f

Annotation: *Die Diareihe hat einführenden Charakter. Sie berücksichtigt in ihrer Darstellung Auge, Ohr, Nase und Zunge. Das Beiheft enthält kommentierende Erläuterungen.*

**IMBILD-Film 32 00980:** Ich habe ein Ei – Unterricht in einer Blindenschule, 15 min, sw

Annotation: *Der polnische Dokumentarfilm zeigt, wie blinde Kinder im Sonderschulunterricht über den Tast- und Geschmackssinn das Ei begreifen lernen und zu einer vollständigen Anschauung des Gegenstandes kommen.*

**FWU-Film 42 01187:** Vom Reiz der Sinne – Riechen und Schmecken, 14 min, f

Annotation: *Dieser Film zeigt die Bedeutung des Geruchssinnes und erläutert am Beispiel des Geschmackssinnes, des anderen chemischen Sinnes, den Aufbau und die Arbeitsweise der Sinneszellen. Er gewährt ferner Einblick in das Vorgehen während moderner rezeptorphysiologischer Untersuchungen.*

**Wissen auf Video 48865:** Geruchs- & Geschmackssinn, 45 min, f

Annotation: *Wie riecht und schmeckt der Mensch? Wir betreten die mikroskopisch kleine Welt der Papillen. Bei der Suche nach den Geschmacksrezeptoren entdecken wir eine umwallte Geschmackspapille. Wie in einem Lift geht es hinauf in die Riechschleimhaut der Nase, um den Geruchssinn zu untersuchen. Der Verlauf der Nervenleitungen dieser Sinnesorgane wird an einem riesigen David-Kopf erläutert.*

### IV.3.2 Zeitschriften

**Zippel, H. P.:** Die Entdeckung der Riechrezeptoren
Spektr. d. Wiss. 10/1988, S. 120-132

Anmerkung: *Der Artikel ist in erster Linie historisch interessant, weil an einem Beispiel, nämlich den Riechrezeptoren, die Schwierigkeiten der Forschung deutlich gemacht werden. Außerdem ist der Stand der Forschung kurz zusammengefaßt.*

### IV.3.3 Bücher

**Thews, G., Mutschler, E., Vaupel, P.:** Anatomie, Physiologie, Pathologie des Menschen
Wissenschaftl. Verlagsgesellschaft Stuttgart 1989

Anmerkung: *Das Buch bietet in übersichtlicher Form Grundlagenwissen, das durch verständliche Texte und gute Abbildungen vermittelt wird. Es kann jedem Biologielehrer nur dringend empfohlen werden.*

### IV.3.4 spezielle Broschüren

Infothek gesund, Heft 11
Atemwege – Gut bei Puste
AOK